BEI GRIN MACHT SICH IHR WISSEN BEZAHLT

- Wir veröffentlichen Ihre Hausarbeit,
  Bachelor- und Masterarbeit

- Ihr eigenes eBook und Buch -
  weltweit in allen wichtigen Shops

- Verdienen Sie an jedem Verkauf

Jetzt bei www.GRIN.com hochladen
und kostenlos publizieren

Bibliografische Information der Deutschen Nationalbibliothek:

Die Deutsche Bibliothek verzeichnet diese Publikation in der Deutschen National-
bibliografie; detaillierte bibliografische Daten sind im Internet über http://dnb.d-
nb.de/ abrufbar.

Impressum:

Copyright © 2007 GRIN Verlag, Open Publishing GmbH
Druck und Bindung: Books on Demand GmbH, Norderstedt Germany
ISBN: 9783640617425

Dieses Buch bei GRIN:

http://www.grin.com/de/e-book/142545/zu-und-eingaenge-im-wandel-eine-analyse-
von-eingangssituationen-anhand

Phillis Cichy

Zu- und Eingänge im Wandel - Eine Analyse von Eingangssituationen anhand von drei Geschoßwohnungsbauten des 20. Jahrhunderts in Wien

GRIN Verlag

ZU- UND EINGÄNGE IM WANDEL

EINE ANALYSE VON EINGANGSSITUATIONEN
ANHAND VON DREI GESCHOSSWOHNUNGSBAUTEN
DES 20. JAHRHUNDERTS IN WIEN

Eine Analyse von Eingangssituationen anhand von drei Geschosswohnungsbauten des 20. Jahrhunderts in Wien

Bakkalaureatsarbeit

Cichy Phillis

Institut für Landschaftsarchitektur ILA
Department für Raum, Landschaft und Infrastruktur
Universität für Bodenkultur Wien

im Rahmen der Studienrichtung
Landschaftsplanung und Landschaftsarchitektur
Studienkennzahl 219

Im Februar 2007

Für die Raumbildung stellt die Gebäudeerschließung ein wesentliches Element dar. Der Eingang eines Hauses bildet gleichzeitig den Ausgang und hat neben der raumtrennenden auch eine raumverbindende Funktion. Diese Tatsache verleiht den Übergangszonen, sog. Schwellensituationen, u.a. diese Besonderheit. Eingangssituationen haben neben ihrer Erschließungsfunktion auch die Aufgabe, das gesamte Gebäude zu repräsentieren. Dabei spielen ihre äußere Gestaltung und Ausformung eine wesentliche Rolle, durch die dem Bauwerk ein gewisser Charakter zukommt. Kompakte Wohnsiedlungen, die aufgrund ihrer gleichförmigen Architektur als Einheit gesehen werden, vermitteln durch ausgeprägte Wege- und Erschließungsformen unterschiedliche Raumeindrücke. Diese sind, je nach Entstehungszeit, von den damals vorherrschenden Bauideologien geprägt. Der Karl-Marx-Hof drückt mit seinen Eingängen das propagandarisierte Wehrhafte der damaligen Zeit aus, während die Nachkriegsjahre und die Zeit des Wiederaufbaues von standardisierten Gemeindebauten wie der Weinberg-Görgensiedlung geprägt waren. Die zeitgenössische Architektur am Beispiel der Gartensiedlung Ottakring hingegen bringt durch ihre vielseitige reihenhausähnliche Bauweise wiederum neue Typen der Erschließung hervor.

Obwohl sich diese drei Siedlungen des 20. Jahrhunderts im Hinblick auf ihre Entstehungszeiten architektonisch deutlich voneinander unterscheiden, lassen sie bei genauerem Betrachten der Freiraum- und Erschließungssysteme Gemeinsamkeiten erkennen. Auffällig daran ist, dass das System der Haupt- und Nebenerschließungswege und das Element Stiegenhaus immer wieder anzufinden sind. Diese Beispiele zeigen, dass sich bestimmte Gestaltungsmaßnahmen über Jahrzehnte bewährt haben und lediglich in ihrer Form Unterschiede aufweisen, jedoch nicht in ihrer Funktion.
Anhand dieser drei Siedlungen erkennt man auch, dass Eingänge wichtige Funktionen der Identifikation mit dem Wohnumfeld erfüllen. Die Möglichkeit dafür bietet die Gestaltung der Freiräume bzw. die gestalterische Differenzierung in öffentlichen, halböffentlichen und privaten Freiraum. Je privater der Eingang wird, desto persönlicher wird auch seine Gestaltung durch die BewohnerInnen. Eine andere Möglichkeit stellt die Farbgebung der Eingänge dar. Sie bilden gleichzeitig Orientierungspunkte und verleihen den ansonsten eintönig wirkenden Siedlungsbauten einen individuellen Charakter.

Eingangssituationen sind einem stetigen Wandel unterlaufen. Zu- und Eingänge von Siedlungsbauten weisen untereinander Ähnlichkeiten auf, entwickeln sich aber, aufgrund neuer Nutzungsmöglichkeiten und architektonischer Ausdifferenzierungen, weiter. Durch ihre Gestaltungen entstehen unterschiedliche äußere Eindrücke, die wiederum den Zeitgeist, in der die Siedlung entstand, einfängt und zum Ausdruck bringt.

The opening up of buildings is a fundamental element for the creation of space. The entrance can also be seen as an exit and combines the functions of seperating and connecting spaces. This fact is characteristic for transitional zones, also known as thresholds. Entrances mainly serve as opening ups, but they further represent the whole building, too. In this case the external forming and appearance assign special characteristics to the building. Compact housing estates form an integrated whole because of its homogeneous architecture. Housing estates are always arranged with marked types of pavements and coverage, which convey various impressions of space. Every forming process was influenced by the ideology, which dominated in each case´s construction year. The entries of the Karl-Marx-Hof show willingness of restistance and the strong influence of propaganda at that time. The post-war architecture was marked of standardize communal buildings like Weinberg-Görgengasse. Gartensiedlung Ottakring as an example of contemporary architecture offers new examples of opening ups, because of its interlocked and combined constructions.

Although this three examples of housing estates differ in their architecture, they have some aspects in common. It´s remarkable, that the system of "main and side pavement" and the element staircase recure in every example. This shows the meaning of those forming measures, which proved a success. In the curse of time they changed their form, but not their function. Entrances also serve important functions of identification with the residential sorrounding.The possibility offers the arrangement of space, exactly the different organization of public, semi-public and private spaces. The more private the entry becomes the more personal touch its arrangement gets by the occupants. A further possibility gives the colouring of the entries. If the staircase or the door is giving an individual colour, the are percieved as points of reference and assign an individual character to the mostly homogeneous buildings.

Entrances are always changing. Access roads, gates and entries of housing estates are alike and sometimes they are very similar. But in fact they are always changing because of its modification of using or architectural development.

Zu- und Eingänge repräsentieren die gesamte Struktur eines Gebäudes und geben dem/der BetrachterIn, meist unbewusst, einen ersten Eindruck von einem Wohnkomplex. Entweder vermitteln sie Abweisung bzw. Einladung oder Passivität. Diese Eindrücke werden ausschließlich durch ihre Form und Gestaltung erzielt, die sich zum Teil aus ihrer Baugeschichte ableiten lassen.

Die Schwelle als Begriff in unserem Sprachgebrauch, spiegelt die Besonderheit, für die sie steht, wider: „über die Schwelle tragen", „Schwellenländer", „Hemmschwelle" usw. Tor und Tür als architektonische Schwellenobjekte haben seit Jahrtausenden wichtige Funktionen zu erfüllen. Sie schützen vor äußeren Umwelteinflüssen oder Fremden; sie verbinden aber auch Räume mit- bzw. trennen sie voneinander.

Die Schwelle kann räumlich in unterschiedliche Ausbildungen transformiert werden: baulich, durch eine Tür, ein Tor, oder topografisch mittels Stufen oder eines Walls. Die Gestaltung vom Übergang Innen/Außen bzw. die Ausbildung der Schwellensituation wird in der Architektur auf verschiedene Formen übertragen. Man findet Glasbauten wie Wintergärten, Terrassen, die über Stege erreichbar sind, Balkone und ähnliches.

Die folgende Arbeit befasst sich einerseits mit der grundlegenden Definition von Räumen und Schwellen, aber auch mit der Bedeutung und Funktion der Eingänge, andererseits mit der Analyse der Erreichbarkeit bzw. äußere und innere Erschließung von Geschosswohnungsbauten. Darauf aufbauend leitet sich die Frage ab, ob sich die Gestaltung der Zu- und Eingänge im Siedlungsbau in den letzten Jahrzehnten merkbar verändert hat. Um diese zu beantworten wird anhand von drei Beispielen in Wien die bauliche sowie funktionale Entwicklung analysiert und interpretiert.

Die Idee zu diesem Thema entwickelte sich aus einer Siedlungsbesichtigung im Rahmen der „Übungen mit Feldarbeiten zu Landschaftsarchitektur" im Wintersemester 2006. Zweck dieser eintägigen Spazierfahrt per Rad durch den 13. und 23. Wiener Gemeindebezirk war, verschiedene Wohnsiedlungen aus unterschiedlichen Entstehungszeiten hinsichtlich ihrer Freiraumqualitäten zu analysieren und sie untereinander zu vergleichen. Dabei erkannte ich Unterschiede zwischen den Erschließungssystemen, sowie deren Zusammenhang mit den siedlungsnahen Freiräumen. Daraus formulierte sich langsam, immer konkreter werdend, ein Bearbeitungsschwerpunkt für meine Bakkalaureatsarbeit. Für die detailliertere Fragestellung zur Bearbeitung des Themas diente die Ausarbeitung einer Forschungsfrage sowie die Definition eines Forschungszieles.

1.1 Zielsetzung und Forschungsfragen

Die Schwellensituation eines Wohnbaues wird als wesentlicher Analysepunkt von Freiraumqualität verstanden. Der Übergang von Außen nach Innen (bzw. umgekehrt) ist für PlanerInnen einer der interessantesten Raumaspekte und stellt auch eine Herausforderung an deren Gestaltung dar.

Ziel dieser Arbeit ist es, anhand von ausgewählten Bauprojekten in Wien, die Bedeutung und Funktion sowie die Entwicklung von Eingangsituationen zu beschreiben. Dabei wird versucht, im Hinblick auf das gesamte Gebäude und seine Entstehungszeit bzw. hinsichtlich seines Freiraumes, die wahrnehmbare Schnittstelle zwischen Innen und Außen als integrierter Bestandteil des Ganzen zu verstehen.

Die ausgewählten Objekte stammen aus verschiedenen Bauepochen. Aus diesen drei Analysen wird versucht, eine nachvollziehbare bauliche als auch funktionale Entwicklung zu beschreiben. Die zu beantwortenden Fragen leiten sich daher ab:

-   Wie sind Zu- und Eingänge im Wohnbau ausgestaltet und wie wirken sie; welches Erschließungssystem ist zu erkennen?

-   Welcher planerische Hintergrund, welche Absicht steckte hinter der Gestaltung? Gibt es eine merkbare Entwicklung bzw. Veränderung der Eingangsituationen im Laufe des 20. Jahrhunderts? Wenn ja, wie und warum haben sie sich verändert?

Die konkrete Auseinandersetzung mit Eingangssituationen anhand dieser Beispiele soll verdeutlichen, dass sowohl Wegesysteme als auch Hauseingänge wichtige Bestandteile unseres täglichen Raumbewusstseins darstellen. Ihnen soll daher in dieser Arbeit vermehrt jene Aufmerksamkeit zukommen, die sie im Laufe der Zeit durch das „Selbstverständlich-Gewordene" verloren haben. Ein Weg bzw. Eingang ist deshalb ein starkes Ausdrucksmittel der Gestaltungsidee und spiegelt viele ihrer Absichten wider, wenn auch oft auf subtilere Weise als das Haus oder der Garten.

1.2 Methoden

Die Herangehensweise zur Beantwortung auf die gestellten Forschungsfragen setzt sich zusammen aus einer umfassenden Literaturrecherche, sowie aus den Aufnahmen von drei für ihre Entstehungszeit (teilweise) prägenden Siedlungen.

Bezogen auf das Thema der Schwelle findet man in der Literatur vorwiegend Theorien und Thesen in Verbindung mit dem Raumbegriff. Der Begriff der Schwelle selbst wird eher allgemein und in psychologischer Hinsicht abgehandelt. Eine eigene Abhandlung in Buchform aus psychologischer und philosophischer Sicht der Zu- und Eingängen als architektonische Elemente konnte ich bei meiner literarischen Nachforschungen in den Bibliotheken der Universität für Bodenkultur, Technischen Universität sowie der Universität Wien nicht finden. Im Hinblick auf die Raumabfolge entlang des Wegraumes findet man jedoch eine grundlegende Arbeit von Bernd Krämer aus dem Jahr 1983, auf die sich meine theoretische Analyse u.a. beziehen wird. In seiner Dissertation behandelt er auch die Schwelle als besonderes Moment des Wegraumes. Zu diesem Thema verfasst Saeverin eine tiefgreifende Arbeit (2003), in der er sich dem Begriff der Schwelle auf philosophische Weise annähert. Beide Werke bilden vorwiegend die theoretische Grundlage für meine Untersuchungen.

Die angegebene Literatur zu den Wohnbauten bezieht sich größtenteils auf ähnliche bereits realisierte Projekte im Bereich des verdichteten Wohnbaues bzw. auf dessen Architekturgeschichte. Vor allem zum Thema „Karl-Marx-Hof" findet man viele geschichtliche wie architektonische Auseinandersetzungen; aber kaum bis keine detailliertere Problembearbeitung bezogen auf Zu- und Eingänge. Mithilfe der literarischen Grundlage und den Erkenntnissen der Aufnahmen wurden die Zu- und Eingangssituationen der einzelnen Bauprojekte interpretiert. Für den strukturierten Ablauf der Analyse von Geschosswohnungsbauten bezüglich ihrer Erschließungssysteme diente eine von der Stadtplanung Wien herausgegebene Dokumentation über die Qualitätsmerkmale der Freiflächen im Wohnbau. Diese Aufgliederung in „Beziehung nach außen" und „äußere und innere Erschließung" diente als weitere Hilfestellung bei der Vorgangsweise meiner Aufnahmen. Detailliertere Analysepunkte stellt Krämer in seiner bereits oben erwähnten Arbeit zu Verfügung. Dabei stehen vor allem die Größe und Dimension, die Beleuchtung, die Nutzung, die Ausstattung der Oberflächen der Eingänge im Vordergrund.

Die für die Analyse grundlegende Vorgangsweise setzte sich zusammen aus einem Spaziergang vor Ort sowie einer städteplanerischen Analyse zum besseren Verständnis der Siedlungsentwicklung. Die Wahl der drei Geschosswohnungsbauten ist bedingt durch die Bauzeit und die damit einhergehende Baugeschichte (Karl-Marx-Hof), die eine neue Ära des kommunalen Siedlungswesens einleitete, sowie durch die interessante bzw. zum Teil untypische Lage der Siedlungen (19. Bezirk bzw. eher innerstädtischer Bereich). In allen drei Fällen war dafür auch die öffentliche Anbindung ausschlaggebend, da durch die günstige Verbindung die Möglichkeit gegeben war, die Siedlungen öfter zu besichtigen.

Für eine nachvollziehbare Interpretation war die Auswahl an aussagekräftigen Siedlungsbeispielen nötig. Um eine tatsächliche Entwicklung der Eingänge untersuchen zu können, fiel die Wahl auf Beispiele, die in ihrer Entstehungszeit klar voneinander zu trennen sind. Die Siedlung stammen demnach aus den 1920er Jahren, den 1960er Jahren sowie aus dem Jahr 2000. Nur durch diese zeitliche Trennung konnten Unterschiede, aber auch Parallelen untersucht werden.

Die Aufnahme der Fallbeispiele erfolgte anhand einer Plangrundlage (Grundrisspläne) und einer Liste mit wichtigen Aufnahmepunkten, die zuvor mithilfe der Literatur stichwortartig zusammengestellt wurde. Damit ein besserer Vergleich zwischen den verschiedenen Siedlungen ermöglicht wird, wurden drei Analyseschwerpunkte herausgefiltert und nach dem Prinzip „Vom Großen ins Kleine" vorgegangen. Die Aufnahmepunkte umfassten Kriterien der äußeren und inneren Erschließung, aber auch Einzelheiten zu den Hauseingängen (siehe Anhang). Am Anfang steht die Äußere Erschließung, die die verkehrstechnische und kommunikative Anbindung nach außen umfasst. Daran anschließend wird die Innere Erschließung in Verbindung mit der Äußeren näher untersucht. Die Innere Erschließung stellt auch den „Vorplatz" der Gebäudeerschließung dar und steht somit mit dieser eng in Verbindung. Sie umfasst die Zugangswege, durch die das Gebäude erreicht wird. Für die spätere Vergleichsmethode diente zudem eine Fotodokumentation vor Ort, die ebenfalls die äußeren und inneren Erschließungsmerkmale erfasst. Sie dient der besseren Darstellung der Analyse und des Verständnisses der Beschreibungen; im Text wird deshalb laufend auf die zugehörigen Abbildungen verwiesen.

1.3 Aufbau der Arbeit

Zur vereinfachten Darstellung des umfassenden Thematik der Eingänge wird im Vorfeld eine grundlegende Definition des Raumbegriffes nötig sein. Da Eingänge als besonderer Teil eines Raumes gesehen werden, ist zunächst seine Darstellung bzw. eine genaue Vorstellung einer Raumsituation von entscheidender Bedeutung. Nur durch die Klärung des allgemein gebrauchten Raumbegriffes und seine Verwendung in der Architektur kann eine logische bzw. nachvollziehbare Abhandlung des Themas erfolgen. Mithilfe dieses Begriffes kann in weiterer Folge das Paradoxon der verbindenden wie auch trennenden Aufgabe des Raumelementes „Wegraum" dargestellt werden.

Daran anschließend wird ausführlich der psychologischen Besonderheit der Schwelle sowie der Bedeutung und Funktion von Zu- und Eingängen als besonderes Raumerlebnis eines Wegraumes nachgegangen. Die sich dabei ergebenden Untersuchungen aus Raum, Wegraum und Schwelle werden im darauf folgenden Kapitel 3.2 analytisch angewandt. In diesem Abschnitt werde ich drei ausgewählte Geschosswohnungsbauten hinsichtlich ihrer Erschließung und Eingangssituationen, sowie die Gestaltung und Wirkung der Zu- und Eingänge untersuchen und miteinander vergleichen. Daraus ergeben sich im unterschiedliche Aufnahmen, an denen wesentliche Entwicklungen im Laufe der Geschichte festgestellt werden können.

2. Eingänge als Raumbildner

2.1 Raum begreifen – Der Raumbegriff

Für eine Definition des Raumes existieren bereits verschiedene Sichtweisen. Um an dieser Stelle einige dieser unterschiedlichen Betrachtungsweisen zu erläutern, wird in der folgenden Auflistung nur kurz versucht, sie zu erklären. Der eigentliche Schwerpunkt für diese Arbeit liegt auf dem architektonischen Raum.

Die übliche erste Assoziation zum Begriff des Raumes umfasst die des umbauten Raumes eines Gebäudes. Das Zimmer bzw. der umschlossene Innenraum eines Hauses werden als typische Raumdefinitionen und –vorstellung herangezogen. Bewegt man sich nun nach Außen, also in den Außen-Raum bzw. Freiraum, bekommt der Raum andere wahrnehmbare Eigenschaften – er wandelt sich ins Gegenteil – den nicht bebauten freien Raum.

In den unterschiedlichsten Disziplinen und Wissenschaften beschäftigt man sich schon seit Jahrhunderten mit dem Phänomen des Raumes. Sowohl in der Physik (Raum und Zeit, unendlicher Raum), als auch in der Geographie, Soziologie und Philosophie findet man gedankliche Ansätze und Theorien über dieses Thema.

Newton, beispielsweise, definiert den Raum als leeren und unbeeinflusst von, sich in ihm befindlichen, physikalischen Vorgängen. Für ihn existiert ein Raum auch ohne Materie und basiert auf rein geometrischen Eigenschaften. Eine gegenteilige Anschauung vertreten Anhänger des Materialismus. Sie meinen, dass erst die Materie den Raum zum Raum macht.

Eine wesentlich differenziertere Vorstellung vertritt Platon: Aufbauend auf seine Elementenlehre formt er den Begriff des Raumes, der durch das in ihm befindliche Entstehen (d.h. durch das Ineinanderwirken der Elemente Wasser, Luft und Erde) bestimmt wird. Er versucht somit eine Entmaterialisierung der Raumdefinition. Der Raum ist für ihn in weiterer Folge kein Anschauungsraum, sondern wird auf einer übersinnlichen (nicht durch die Sinne erfahrbaren) Ebene wahrgenommen (vgl. Lee, 1999, 104ff).

Mit dieser Definition kommt man der des architektonischen, und somit jener, mit der sich ArchitektInnen und LandschaftsarchitektInnen befassen, langsam näher. Einstein formuliert seine These des Raumes mithilfe von Objekten: „Raum wie Ort sind eine Art Ordnung körperlicher Objekte und nichts als eine Art Ordnung." (A. Einstein) Dieser Ansicht liegt eine zwischen den Objekten bestehende Korrelation zugrunde. Aus der Anordnung einzelner Objekte bzw. Elemente zueinander entstehen demnach Räume. Um eine wahrnehmbare Ordnung zu erzeugen, eignen sich als raumbeschreibende Kategorien Richtung, Distanz und Konnektivität. Unter der Richtung versteht man dabei entweder die Himmelsrichtungen oder aber die unmittelbare relative Lage im Raum: oben, unten, rechts, links, vorne, hinten. Die Distanz hingegen ermittelt den Abstand der Elemente zueinander oder zu ihrem/ihrer BetrachterIn, während die Konnektivität diese Subjekt-Objekt-Beziehung an sich untersucht (vgl. Krämer, 1983, 22ff). Durch diese Eigenschaften wird dem Raum eine Mehrdimensionalität gegeben, die mit den menschlichen Sinnen durch tasten, sehen, fühlen, riechen (weniger schmecken) wahrnehmbar werden.

Durch die Interaktion von Objekten, die den Raum bilden, und den wahrnehmenden Personen, entwickelt sich eine wechselseitige Beziehung, durch die der Raum einerseits zum erlebten Raum wird, andererseits einen gewissen Charakter erfährt. Tätigkeiten, Geräusche, Gerüche, sowie Nähe und Distanz werden von den sich im Raum befindlichen Personen aufgenommen, als Reize verarbeitet und erzeugen im

Menschen eigene Reaktionen. Das gegenseitige Reiz-Reaktion-Verhalten entsteht dadurch, dass als Folge der Reizverarbeitung ein bestimmtes Verhalten als Reaktion auf die wahrgenommenen Objekte und Handlungen und damit wiederum eine Raumbildung erfolgt. Dieses psychologische Phänomen äußert sich in der Bildung von spezifisch genutzten Räumen (vgl. auch Hall, 1976):

- Intimraum

- Persönlicher Raum

- Privater Raum

- Sozialer Raum

- Halböffentlicher Raum

- Öffentlicher Raum

Durch ihre individuell ausgeprägten Raumbegrenzungen sowie raumbeschreibenden Kategorien erfahren diese „Orte im Raum" verschiedene Charaktere. Der architektonische Raum besteht demnach aus zwei Raumdefinitionen: einerseits bilden die raumumgrenzenden Elemente den Raum (beispielsweise Boden, Decke und Wände eines Zimmers), andererseits die baulich-physischen Objekte, die den (durch ihre raumbeschreibenden Kategorien) wahrnehmbaren Raum bilden. Diese zwei Betrachtungsweisen sollten einander nicht ausschließen; sie bilden die Grundlage für unser tägliches Raumbewusstsein bzw. auch unsere − wahrnehmung und als Folge dessen auch der Orientierung (vgl. Krämer, 1983, 24f).

Aus Ton entstehen Töpfe
aber das Leere in ihnen
erwirbt das Wesen des Topfes

Mauern und Türen und Fenster
bilden das Haus
aber das Leere zwischen ihnen
erwirbt das Wesen des Hauses

Das Stoffliche bringt Nutzbarkeit
das Unstoffliche bringt Wesenheit *(Lao-tse aus dem Tao-te-king)*

2.2 Der WegRaum als Zugang zum Eingang

Um die vorangegangene allgemeine Definition des Raumes auf ein konkretes Thema umzulegen, wird nun im Folgenden der Weg als spezielle Form des architektonischen Raumes definiert. Eine klar definierte Aufgabe des Weges ist die Erschließung des Raumes. Dies geschieht auf zweifache Weise (vgl. Krämer, 1983, 119):

- zum Einen physisch-strukturell, indem der Weg als Zugang Abgrenzungen überwindet und gleichzeitig den Raum organisiert. Wegeverbindungen, Kreuzungen oder besondere Ausformungen werden vom Menschen als Orientierungspunkte wahrgenommen. Unter den verschiedenen Wegenetzen findet man auch ausgeprägte Wegehierarchien, sowohl im großen als auch im kleinen Maßstab.

- Zum Anderen psychisch-symbolisch, indem der Begriff „Weg" selbst zum „sinnhaften" Erlebnis wird. Er stellt damit die erlebbare „Reise" zu einem Ziel dar. Auch das Sprichwort „Der Weg ist das Ziel" stellt den Weg als grundlegende Erfahrungsmethode dar. Auch der Begriff der *„Methologie"* enthält den Weg = hodos als beschreibendes Element in der Durchführung eines Vorhabens, um ein Ziel zu erreichen.

In philosophischer Hinsicht stellt er auch den „Weg des Lebens" dar, den jeder Mensch selbst bewältigen muss. Um sein Ziel zu erreichen gibt es „verschiedene Wege", die jeder für sich selbst erst finden muss. Für den Bereich der Architektur beinhaltet der Wegraum als besondere Ausbildung des Raumes eine eigene Erlebnisdimension − nämlich die der Bewegung. Entlang eines Weges „durchläuft" man eine Abfolge von verschiedenen Räumen (Übergangszonen), während man sich selbst auf „dem Weg zu einem Ziel" (meist in einen weiteren Raum) befindet. Dieses Wegerlebnis bedeutet für die Gestaltung erlebbare Hindernisse, die bewältigt bzw. umgangen werden, oder besondere Sichtverbindungen aus einem sich verändernden Blickwinkel. Dass man sich „auf dem Weg befindet" hat wiederum zwei für die Raumdefinition interessante Aspekte. Der Weg als einerseits raumteilendes Element, und andererseits als raumverbindendes Element. Dieses Phänomen tritt auch bei der Schwelle auf, die im nachfolgenden Kapitel noch näher erläutert wird.

2.3 Die EingangsSchwelle

Die Begriffsverwendung der *„Schwelle"* ist − wie auch beim Raum − eine sehr vielseitige. In den unterschiedlichsten Disziplinen wird dieser Ausdruck anders gedeutet.

Aus der Psychologie kennt man die „Reiz- und Hemmschwelle", aus der Wirtschaft die sog. „Schwellenländer" und in der Metaphysik stellt die Schwelle den Übergang von Leben zum Tod dar. Diese Beispiele, um nur einige zu nennen, zeigen, dass der Begriff selbst vorwiegend symbolisch/psychologischer Natur ist, aber auch häufig als Metapher benutzt wird. Es gibt auch Fachrichtungen, die den Ausdruck für konkrete Dinge bzw. für Bauteile verwenden. Im Eisenbahnbau stellen Schwellen die Holzlatten zwischen den Schienen dar; in der Architektur den untersten Teil eines Türrahmens. Allen Verwendungen gemeinsam ist aber die Beschreibung eines Verlaufes – eines Übergehens von einem Zustand in einen anderen. Die Schwelle stellt mathematisch gesehen einen Grenzwert dar, an dem ein bestimmter Zustand in einen anderen übergeht. Man spricht daher auch von einem Moment des *„Umkippens"* (Krämer, 1983, 205).

In der Raumwahrnehmung hat die Schwelle eine besonders interessante Stellung. Hier wird der Sachverhalt des Architektonischen mit dem der Psychologie verbunden, womit die Schwelle sowohl bauliches Element als auch unbewusst erlebbares Symbol wird, das auf das Verhalten des Menschen direkten Einfluss ausübt. In der Architektur findet die Schwelle unterschiedliche gestalterische Umsetzung: im einfachsten Fall dienen dazu eine Tür, ein Tor, ein Durchgang, Bogen sowie topografische Veränderungen, Verengungen/Ausweitungen u.ä. Die Übergänge werden je nach Gestaltung entweder scharf oder eher fließend (eine Art Schleuse) gezogen.

Schon 1899 beschrieben Mauss und Hubert ein Dreiphasensystem bei der Analyse von Opferhandlungen, in dem die dritte Phase eine Interpretationsart von Schwelle darstellt. (Saeverin, 2003, 25):

- Trennungsphase: Loslösung vom ursprünglichen Ort

- Schwellenphase: das Befinden zwischen zwei Welten

- Angliederungsphase: Eintreten in die neue Welt bzw. Rückkehr

Diese Verbindung mit der sakralen Welt lässt erkennen, dass der Begriff Schwelle in früherer Zeit vor allem religiös beprägt war. Bollnow sieht zwischen dieser Betrachtungsweise und jener aus der Architektur durchaus Parallelen:

> *„Das Durchschreiten der Tür ist das Überschreiten der Schwelle, womit man in der Regel den unteren Türbalken bezeichnet. Die Schwelle bezeichnet darum noch bestimmter die Grenze zwischen dem Drinnen und dem Draußen. [...] Ganz anders stellen sich die Verhältnisse für denjenigen dar, der von außen her kommend, durch die Tür in den Raum eintritt; denn er tritt dadurch in den Lebensbereich des anderen Menschen – oder wenn wird den analogen Fall des mit dem Haus letztlich gleichbedeutenden Tempels gleich hinzunehmen: in den Machtbereich der Gottheit ein"* (Bollnow, 1976, 157).

Hier wird die Schwelle klar als Grenze gesehen. Arbeitet man jedoch mit dem architektonischen Raum, wird man feststellen, dass Grenzen und Schwellen nicht immer ident sein müssen. In der Philosophie werden diese beiden Begriffe deutlich voneinander getrennt. Es wird dargelegt, dass sich *„Grenze und Schwelle darin unterscheiden, dass Grenze sowohl als trennend und verbindend [...], als auch als nur trennend [...] verstanden werden muss. Schwelle dagegen vereint stets die Rückkoppelung des Trennens und Verbindens. Somit gilt auch das Kriterium der relevanten Lage notwendig für die Schwelle, für die Grenze ist es lediglich hinreichend"* (Saeverin, 2003, 134). Die relevante Lage meint dabei die räumliche Lage, durch die die Schwelle zusätzlich unterschieden werden kann. Die Metaphysik von Aristoteles befasst sich ausführlich mit der Beziehung der Schwelle zur Lage. Er verdeutlicht darin, dass die Schwelle erst durch ihre räumliche Lage gebildet werden kann, wobei er diese beiden Begriffe als Analogien zu seiner Substanzdefinition heranzieht (vgl. Uberoi in Saeverin, 2003, 134f).

An die oben erwähnte Phasenstruktur schließt 1909 Arnold van Gennep mit seinen Überlegungen zum Begriff der Schwelle an und entwickelt daraus seine Thesen der *„Übergangsriten"*. Für ihn stellt die Schwelle einen eigenen Raum dar, nämlich den Moment des Übergangs. Seine Riten bezeichnen räumliche, soziale und zeitliche Übergänge, die sie begleiten und kontrollieren (vgl. Saeverin 2003, 25). Er beschreibt damit einen selbstständigen Bereich, der eigene Kennzeichen und Eigenschaften besitzt. Die Schwelle ist somit der „Zwischenraum" zwischen Drinnen und Draußen. Dieser Zwischenraum erhält nach Gennep auch symbolische Bedeutung, deren man sich während des „Überschreitens" der Schwelle durch Innehalten bewusst wird (vgl. Saeverin, 2003, 43). Diese aktive Wahrnehmung ist sowohl beim Eintreten in öffentlich sakrale Bauten, als auch in Amtsgebäude und private Häuser zu erkennen. Solche Erfahrungen können demnach helfen, bestimmte Grenzen zu erkennen und als solche wahrzunehmen (vgl. Saeverin, 2003, 138). Diese Wahrnehmung wird dadurch erzeugt, wie Eingangssituationen auf den Passanten wirken. Die äußere Gestalt beeinflusst das Empfinden dafür, sowie für den spannungsgeladenen Schwellenmoment. Eine Schwelle zu überschreiben, bedeutet auch, nicht zu wissen, was einen auf der anderen Seite erwartet. Eine bewusste Gestaltung kann daher helfen, die Nutzer auf die Zustandsänderung vorzubereiten (vgl. Krämer, 1983, 207ff).

Wie schon angedeutet, hat die Schwelle eine interessante Konfliktsituation zu bewältigen – die Aufgabe gleichzeitig Räume zu trennen, aber sie auch zu verbinden. Krämer erklärt die daraus resultierende Kontroverse dadurch, dass *„jede Grenze [sei] der räumliche Ausdruck eines Verhältnisses zwischen zwei Nachbarn, der als Spannungszustand gleichzeitig gegebener offensive und wie defensive, als latente Konflikt-Situation zu erklären sei."* Er erklärt weiter, dass der Konflikt eben aus den *„unterschiedlichen Zuständen auf beiden Seiten dieser Abgrenzung wie aus der aus beiden Richtungen unterschiedlichen Interpretierbarkeit dieser Schwelle [...]"* entstehe (Krämer, 1983, 204). Von ähnlichen Unterschieden schreibt auch Saeverin, indem er dem inneren Raum konsistente, dem äußeren inkonsistente Zustände zuschreibt, wobei es *„dem einzelnen zur Bewertung obliegt, um dasjenige mit in das eigene Zimmer zu nehmen, was der Konsistenz entspricht"* (Saeverin, 2003, 128). In gleicher Weise spricht Bollnow von einer sog. *„Geborgenheit des Hauses"*, die dadurch entsteht, dass an der Schwelle das Gute entschieden, denn Böses bzw. *„Unrechtes"* soll nicht ins Haus gelangen (vgl. Seneca in Saeverin, 2003, 128).

Die Bewältigung des Übergangs vom Einen ins Andere kann auf unterschiedliche Weise erfolgen. Jede Art hat folglich andere für Benutzer spürbare Auswirkungen (nach Krämer, 1983, 212ff):

- der abrupte Übergang: Zustandänderung ohne gestalterische Trennung, z.B. Falltür

- der kontrastierende Übergang: der neue Zustand wird mit einem „Überraschungseffekt" präsentiert, der im Gedächtnis bleiben und die Neugier wecken soll, z.B. Repräsentationsbauten

- der gleichmäßige Übergang: ist eine stufenweise Zustandsänderung, die ohne effektvolle oder überraschende Spannung vermittelt

- der modulierte Übergang: er mildert die Erlebnisdissonanz und vermittelt Orientierungshilfe, die an die Konfliktsituation angepasst wird. Im Gegensatz zum kontrastierenden Übergang wird hier ein Sicherheitsgefühl vermittelt.

Es gibt nun mehrere Formen, diese Schwellentypen zu übertreten bzw. sie zu passieren. Saeverin stellt dazu zwei Ebenen dar: das Über und das Durch. *„Mit über ist dabei etwas im Sinne einer übergreifenden Ordnung [...] gemeint, mit durch das Verlassen des einen bei Angliederung des anderen."* Das Über erfolgt demnach entweder „über ein Hindernis" drüber oder „eine Grenze hinweg" *(Saeverin, 2003 ,92)*. Eine weitere Unterscheidung erfolgt zwischen vertikalen und horizontalen Übergängen. Die Überwindung von vertikalen Schwellen erfordert demnach bewusste Handlungen und Wahrnehmungen, während horizontale davon weitgehend unabhängig sind (vgl. Saeverin, 2003, 112). Im Falle der Zu- und Eingänge eines Gebäudes oder einer Wohnsiedlung kommen alle vier Arten in Frage. Zum Einen werden Grundstücksgrenzen und Türschwellen *über-*, zum Anderen Torbögen, Durchgänge oder Vordächer *durch*schritten. Ebenso kommen vertikale Schwellenübergänge durch Treppen, Rampen und Einfriedungen/Erhöhungen zum Ausdruck, während unterschiedliche Oberflächengestaltung oder Brückenbauten horizontale raumtrennende Eigenschaften besitzen.

Durch diese psychologische Aufgabe, die die Gestaltung von Schwellensituationen zu erfüllen hat, kristallisieren sich Nutzungshierarchien heraus. Eine Wohnsiedlung beispielsweise wird üblicherweise nur eine bestimmte Kategorie Menschen durchqueren, während entlang von Straßen (wo es selten zur Ausprägung von Schwellensituationen kommt) alle die Möglichkeit ergreifen, sie zu benutzen.

Zu- und Eingänge haben demnach mehrere Funktionen zu erfüllen. Einerseits Räume zu trennen bzw. sie zu verbinden (und somit eine Nachbarschaft herzustellen), andererseits weisen sie eine Art Filterwirkung auf, die sich wiederum auf die Nutzung auswirkt. Ebenso geht die Unterscheidung von Privatem, Halböffentlichem und Öffentlichem sowohl auf diese Filterwirkung, als auch auf den bewussten Einsatz von baulich-gestalterischen Elementen als Schwellenzone zurück.

3. Eingangssituationen im Wohnbau

3.1 Bedeutung und Funktion von Zu- und Eingängen

Der Eingang als grundlegendes wie repräsentatives Element eines Gebäudes hat sich im Laufe der Geschichte in seiner Bedeutung und Funktion nicht wesentlich verändert. Im Gegensatz dazu aber verändern sich im Laufe der Zeit die äußere Gestalt, die Größe und Form, sowie die Ausschmückung und das verwendete Material.

Eingänge waren in ihrer ursprünglichen Form fast ausschließlich funktional bestimmt. Die Eingänge von Höhlenwohnungen mussten groß genug sein, um hineinzugelangen, und klein genug, um gefährliche Tiere fern zu halten. Als „Haustüren" dienten je nach Bauweise und Region flexible Materialien aus Textilien und Leder (Drexel, 2006, 9).

Die Entwicklung der Baumaterialen erfuhr ständig Revolutionen, womit die Gestaltung im Laufe der Bauepochen aufwendiger wurde. Diese äußeren Kennzeichen waren bezeichnend für die repräsentative Aufgabe eines Gebäudes. Amts- und Sakralbauten verfügten über aufwendig geschmückte Zugänge. Die Bedeutung der prunkvollen Eingänge bei Kirchenbauten ist darauf zurückzuschließen, dass Eintretende schon im Eingangsbereich Demut und eine besondere metaphysische Stimmung empfinden sollen. Mit dem Eingangsbereich von Wohnbauten wurde eine eher geringere architektonische Aufmerksamkeit erreicht. Hier verfügte man einerseits weder über die finanziellen Mittel noch wurde auf diese überladene Bauweise Wert gelegt (vgl. Drexel, 2006, 9f).

Schon seit jeher kam den Eingängen besondere Bedeutung zu. Bei den Griechen verhinderte der Pechanstrich der Tür das Eindringen von Geistern ins Haus. Die Römer beteten zum Tür-Gott Janus, dessen zweiseitiges Gesicht das Innen und Außen darstellte. Früher standen auch viele Bräuche und Rituale in Verbindung mit Tür und Tor: Rechtshandlungen und Eheschließungen wurden abgehalten sowie Veröffentlichungen an die Tür angeschlagen (vgl. Meyer-Bohe, 1977).

Die frühesten Türarten waren beschlagene Bohlentüren, gefolgt von zierlichen Brettertüren, die später durch Aufdoppelungen zum Statussymbol wurden (vgl. Meyer-Bohe, 1977). Im römischen Reich beispielsweise herrschte vor allem in der Architektur der klassische Stil vor. Öffentliche Gebäude verfügten über prunkvolle Eingänge, verziert mit Ornamenten, Figuren und von Säulen eingefasst. Die gesamte Architektur sowie der zugehörige Garten gehorchten den mathematischen Regeln und Gesetzen; oft wurde als gestalterisches Element der magische Kreis als Ideal eingesetzt. Zu- und Eingänge wurden ebenso streng symmetrisch und meist zentral angelegt (Brookes/Price, 1998, 32). Später erfuhr die Architektur des viktorianischen Zeitalters interessante Ausschmückungen im Bereich der Schwelle. Die Schnittstelle zwischen Haus und Garten entwickelte sich zu einem beliebtem Aufenthaltsraum und wurde dementsprechend gestalterisch übersetzt in Form von Pergolen, Wintergärten und Veranden.

In vielen anderen Kulturen zeichneten sich Eingänge als besonderer Aufenthaltsort aus. Vor allem die fernöstlichen Länder u.a. Indien, China und Japan legten viel Wert in die Gestaltung der Hauseingänge. An ihren antiken Bauweisen erkennt man häufig eine Hausöffnung nach Osten, das einen elementaren energetischen Hintergrund aufzeigt – nämlich die Öffnung hin zur Sonne. In fast allen diesen Dörfern und Kulturen findet man Treppen als Zugang zum Eingang. Dies wiederum hatte jene Funktion des Sich-auf-einer-Ebene-Befindens mit den vorübergehenden Passanten, wenn der/die jeweilige HausbewohnerIn auf der Schwelle sitzt. Durch diese Bauweise kann man Blickkontakt herstellen bzw. eine bessere Kommunikation ermöglichen.

Der Eingang als logische Erschließungsform eines Gebäudes hat für den ersten Eindruck eine wichtige Funktion zu erfüllen: Er steht als repräsentativer Teil für das Ganze – den Ort, die Adresse, den Status und das Haus oder das Gebäude selbst. Ein Blick auf den Eingang vermittelt innerhalb von Millisekunden viele Eindrücke über das Innere und die BewohnerInnen. Durch seine Gestaltung nimmt er Kontakt auf und wirkt abweisend, ansprechend, freundlich, schmutzig, edel; kann aber auch schützend oder gefährlich erscheinen. Eingänge stehen für Individualität oder Massenproduktion und stellen wesentliche Elemente der nichtverbalen Kommunikation mit Passanten dar (vgl. Krämer, 1983, 226ff). Bei der Ausbildung von Nutzungszonierungen wie privaten, halböffentlichen und öffentlichen Flächen kommt es auch zu einer differenzierteren Ausgestaltung von Eingängen. Dabei reichen die Gestaltungsmöglichkeiten von einer Eingangsnische über ein Gartentor und einen Weg zum eigentlichen Hauseingang, bis hin zu einer Kombination von Gartentor, Windfang, Sichtschutz usw.

3.2 RaumErschließung - Analyse der Geschosswohnungsbauten

Betrachtet man mehrere Siedlungen im Grundriss, erkennt man meist verschiedene Wegenetze und –systeme, die zur Erschließung der Gebäude dienen und ebenso viele verschieden gestaltete Zu- und Eingänge. Oft werden die einzelnen Wegeachsen zu beliebten Erlebnis- und Aufenthaltsbereichen. Diese Orte werden, wenn sie von den jeweiligen PlanerInnen (noch) nicht definiert wurden, im Laufe der Zeit von den BewohnerInnen selbst mit Sitz- oder Spielmöglichkeiten, begleitende Beete o.ä. ausgestattet. Der Eingangsbereich, der oft als eigentliche Erschließung gesehen wird, kann im Wohnbau auf verschiedene Weise ausgestattet sein. Oft führt er über Stiegenhäuser oder Trakte, selten auf direkte Weise. Speziell im Wohnbau wird das Zu- und Eingangssystem der Geschosswohnungsbauten aufgrund jeweiliger

Planungsleitbilder unterschiedlich umgesetzt und soll im Nachstehenden dahingehend analysiert werden.

Wichtig für das Verständnis, warum Eingänge in den jeweiligen Epochen verschieden umgesetzt wurden, ist auch das Verständnis der Planungsphilosophie und der Baugeschichte, die hinter den Projekten stehen. Ihre kurzen Darstellungen sollen Aufschlüsse über die Erschließungsformen geben.

3.2.1   Der Karl-Marx-Hof der 1920er Jahre

In der Zwischenkriegszeit, dem sog. „Roten Wien", entstanden unter einer Sozialdemokratischen Stadtverwaltung bis 1934 zahlreiche Gemeindebauten. Der Karl-Marx-Hof gilt als einer der ersten im sozialen Wohnbau und als Vorzeigebeispiel für lebenswertes „neues" Wohnen. Mit der neuen politischen Situation gelangen verschiedene Reformen im Sozial-, Gesundheits- und Ausbildungswesen, was sich auch auf die Architektur und eine neue Lebensphilosophie auswirkte. Das soziale Bauen war die Antwort auf die widrigen Wohnverhältnisse, die zur Jahrhundertwende bzw. Gründerzeit mit den Zinshäusern (Bassenawohnungen) aufkamen. Durch die Einführung neuer Rechtsvorschriften (Mieterschutzgesetz, Wohnbausteuer) reduzierte sich die kapitalistische private Bautätigkeit und die Gemeinde konnte selbst als Bauherr fungieren. In einer relativ kurzen Zeitspanne entstanden auf diese Weise rund 60 000 Sozialbauten, die durch ihre revolutionäre Ausstattungen im sanitären und kommunalen Bereich kennzeichnend sind.

Der Karl-Marx-Hof wurde vom Architekt Karl Ehn geplant und - trotz Widerstände der Bevölkerung - in den Jahren 1927-1930 in drei Abschnitten errichtet. Ehn erreichte durch seine zielgerichtete Planung von Anfang an die Wirkung einer aussagekräftigen Symbolik. Im Vordergrund steht der *„Mitteltrakt"*, das Zentrum des Blockes. Seine Überbauung bildet sechs Stockwerke und ist gekennzeichnet durch hohe Türme und große Bögen. Beiderseits davon bilden die sog. *„Blauen Bögen"* den Übergang zum nördlichen bzw. südlichen Trakt, die jeweils über vier Geschosse verfügen. Die damalige Wirkung der Bögen war an die Fußballfans gerichtet, die bei der Ankunft am Bahnhof die Anlage durchqueren mussten, um zum gegenüberliegenden Fußballplatz zu gelangen. Ehn erzielte damit und mit dem gesamten Bau eine klare Propagandawirkung, die durch die Namensgebung noch verdeutlicht wurde.

Dass diese Symbolik und das durch den Bau entstandene Gemeinschaftsgefühl in den darauffolgenden Jahren wirksame Folgen zeigten, beweisen geschichtliche Berichte über den 12. Februar 1934. Durch die Identifikation der BewohnerInnen mit ihrer Siedlung erlangte der Karl-Marx-Hof politische Bedeutung und steht seit dieser Zeit nicht nur optisch für das Wehrhafte gegen die damals vorherrschenden Parteien.

Die äußere Erschließung

Die architektonische Umsetzung dieser Siedlung spiegelt sehr deutlich den Idealismus dahinter wider. Die geschlossene Blockbebauung weist eine klare und einfache Gliederung auf, womit die gesamte Anlage trotz seiner Größe überschaubar bleibt. Der Karl-Marx-Hof gliedert sich in baulich zusammenhängende Bauteile, in den mittleren sowie den nördlichen und südlichen Trakt. Obwohl die Siedlung als Gesamtobjekt gesehen wird, erfolgt dennoch eine planerische bzw. optische Trennung in einzelne Blöcke (Trakte). Diese Trennung bilden vier Verbindungsstraßen, die jeweils unter großen Bögen verlaufen (vgl. Abbildung 2) und die westliche mit der östlichen Seite (Bahnhof) verbinden. Sie dienen zur Erschließung durch den angrenzenden öffentlichen und Individualverkehr. Dadurch wirkt diese Siedlung trotz ihrer Größe durchlässig und weist insgesamt eine stark genutzte Anbindung nach außen auf.

Verkehrsmäßige Anbindungsmöglichkeiten bieten der benachbarte Heiligenstädter Bahnhof, diverse Buslinien, die im Bereich des 12.-Februar-Platzes einen Verkehrsknotenpunkt bilden, sowie eine Straßenbahnlinie in der Heiligenstädter Straße. Die Verbindungsstraßen wie auch die angrenzenden Straßen sind mit breiten Gehsteigen sowie Stellplätzen für Pkw ausgestattet. Die Heiligenstädter Straße lässt Nutzungen der Straßenbahn, der Busse, Radfahrer, Pkw (Parkplätze) und Fußwege zu und ist dementsprechend breit zoniert (vgl. Abbildung 1).

Für diese erschließungstechnische Transparenz und steht auch der von drei Seiten umschlossene Innenhof in der Mitte des Blockes. Er markiert mit seiner Gestaltung (Kreis aus Pflastersteinen) einerseits den Mittelpunkt des Hofes, andererseits stellt er einen beliebten Treff- und Orientierungspunkt an der sehr durchlässigen Heiligenstädter Straße dar.

Soziale Kommunikationsmöglichkeiten werden durch diverse gewerbliche und kommunale Einrichtungen gewährleistet. Dazu gehören unter anderem ein Café, Restaurant, eine Apotheke, Post, ein Elektrofachhandel, Schlosser und Friseur. Sie befinden sich vorwiegend an der „Hinter"-Seite, die zur Heiligenstädter Straße zeigt, da hier der größte Bedarf an Versorgungseinrichtungen zu beobachten ist. Im Inneren des

Karl-Marx-Hofes befinden sich außerdem zwei Kindergärten bzw. Hort, ein Institut für Erziehungshilfe und ein Waschsalon. Diese Nutzungen unterscheiden sich kaum von denen in der Zeit der Erbauung. Daraus ist zu schließen, dass diese Einrichtungen stark angenommen und genutzt wurden bzw. noch immer werden.

Abbildung 1: Heiligenstädter Straße

Abbildung 2: Straßendurchfahrt zwischen zwei Bögen

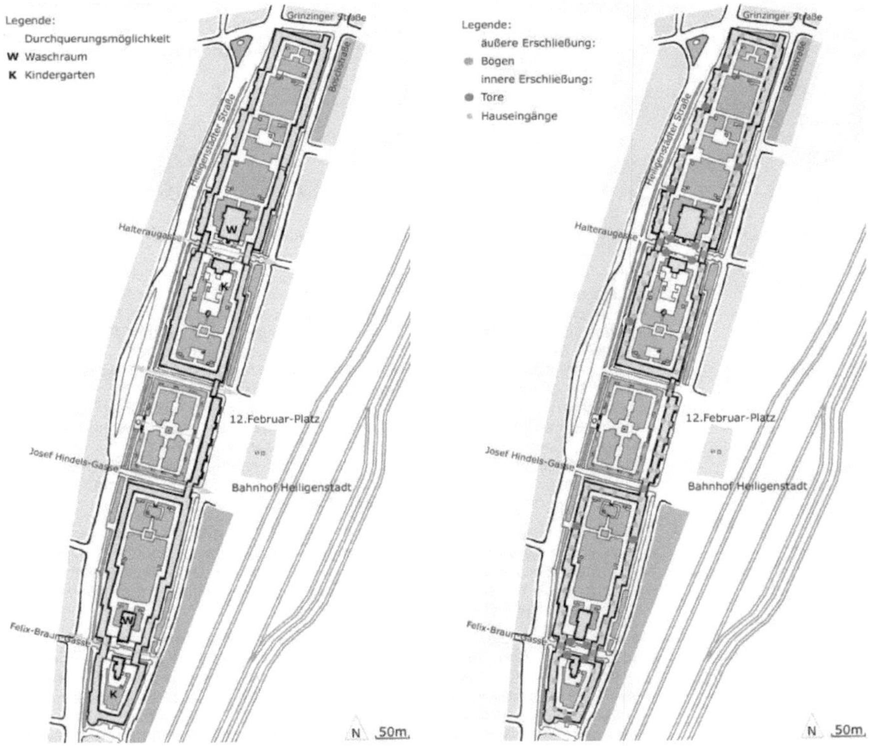

Abbildungen 3/3a: Grundriss Karl-Marx-Hof; Durchquerungsmöglichkeiten (li), Erschließung (re)

Die innere Erschließung

Zur inneren Erschließungssystem zählen neben den Zugängen zum Karl-Marx-Hof auch das Wegesystem im Inneren. Die Zugänge lassen sich in mehrere Formen unterteilen. Es gibt einerseits direkte Zugänge vom Bahnhof (durch Bögen), andererseits von den Verbindungsstraßen aus, wobei diese Zugänge nur in der Halteraugasse bzw. der Felix-Braun-Gasse zu finden sind. Eine dritte Form stellen die Zugänge zu den nördlichen bzw. südlichen Trakten dar.

Die Gebäudefront des Mitteltraktes Richtung Bahnhof verfügt über vier 6-7m hohe und 16m breite **Bögen**, die über breite Stufen ins Innere des Hofes führen. Der Übergang vom öffentlichen zum halböffentlichen Raum wird durch die Gestaltung mittels einer genauso breiten Treppe in Verbindung mit diesen großen Bögen gebildet und auch als solcher wahrgenommen (vgl. Abbildung 4). Der Raum, der von den Bögen gebildet wird ist genauso lang wie der Gebäudetrakt tief ist (ca. 10m). Dieser Bereich stellt den relativ weiten Übergangsbereich in den Innenhof dar und wird durch den Höhensprung der Treppe (ca. 1,20m) verstärkt.

Eine weitere Form der inneren Erschließung bilden hohe Tore, die den Innenhof von den Querungsstraßen Halteraugasse und Felix-Braun-Gasse trennen. Sie treten jeweils in Vierergruppen auf und sind über Treppen erreichbar (vgl. Abbildung 5)

Abbildung 4: Blick vom Bahnhof in den Innenhof

Abbildung 5: Traktverbindende Tor

Im Gegensatz zu der einladenden Gestaltungsweise im Mittelteil der Siedlung steht die Erschließung der nördlichen und südlichen Baublöcke. Der Karl-Marx-Hof erhält in der Literatur oft die Bezeichnungen eines *„Flaggschiffes"* oder einer *„Festung"*. Diese bildhafte Beschreibung erklärt sich unter anderem durch die äußeren Eingangssituationen, die mittels **Eisentore** und aufgesetzten Eisenzacken gestaltet wurden. Sie dienen ebenfalls der Verbindung bzw. Trennung des öffentlichen und dem halböffentlichen Raum, allerdings in einer weniger repräsentativen Umgebung. Durchquert man diese 10m langen dunklen Eingänge, hat man das Gefühl, durch einen Durchgang einer Burg (Festung) zu gehen. Diese Gestaltungsmaßnahme vermittelt im Vergleich zu den großen Torbögen eher den Eindruck, als wären Fremde unerwünscht. Aus diesem Grund stehen diese beiden Trakte - im Vergleich zum repräsentativen Mitteltrakt - für die wehrhaften Teile der Anlage (vgl. Abbildungen 6 und 7).

Die repräsentativen Formen der äußeren Erschließung am 12. Februar-Platz weisen eine regelmäßige Anordnung auf (fünf Hauseingänge abwechselnd mit vier Bögen), während die Erschließung der nördlichen bzw. südlichen Teile nach Bedarf angelegt wurden (je nach Wegeverbindungen zu Versorgungseinrichtungen) und diesem Prinzip auch in ihrer Anzahl folgen (siehe Grundriss).

Daneben umfasst die innere Erschließung auch die **Wegeverbindungen** bzw. das Wegesystem zu den Eingängen. Da das gesamte Bauwerk als Einheit gesehen wird, und trotzdem in fünf selbstständige Elemente unterteilt werden kann, weist es im Hinblick auf die einzelnen Wegesysteme Gemeinsamkeiten auf: einerseits werden die Gebäudeeingänge untereinander mit ca. 6m breiten asphaltierten Erschließungswegen entlang der Innenfassaden verbunden, andererseits wurden sie nach zum Teil strengen geometrischen Formen angelegt. Besondere Nutzungsvorschriften oder –verbote auf allen Haupterschließungswegen gibt es nicht. Sie sind daher radläufig oder mit Rollerskates o.ä. befahrbar.

Ausgehend vom mittigen Innenhof, dessen Erschließungswege vom Bahnhof bzw. vom äußeren „Hintereingang" an der Heiligenstädter Straße aus auf seinen zentralen, mit einer Baumgruppe umpflanzten, Punkt hinführen, fügen sich beinahe spiegelsymmetrisch nach Norden und Süden die Erschließungssysteme der benachbarten Innenhöfe an. Da diese Besonderheit nur im großen Maßstab und im Grundriss ersichtlich ist, wird deutlich, warum dieser zentrale Hof gegenüber des 12. Februar-Platzes als Mittelpunkt der gesamten Siedlung gesehen wird. Die jeweiligen Bauteile weiter nördlich bzw. südlich davon verfolgen diese symmetrische Linie nicht in diesem Ausmaß weiter, verfügen dennoch über orthogonale Wegeführungen. Diese Ausbildung ähnlicher Strukturen symbolisiert wiederum die Zusammengehörigkeit im baulichen wie im sozialen Gefüge.

Von den einzelnen Innenhöfen der Trakte aus gesehen, findet man wiederkehrende Ausformungen der Durchgänge der inneren Erschließung. Durch ihre teilweise Zurückversetzung um ca. 1m wirken sie passiv, durch ihre äußere Gestaltung aber bleiben sie präsent. Auffällig dabei ist die besondere Ausformung des Türrahmens. Er wird von breiten Steinmauerungen bzw. mit kleinen Steinpflasterungen in braun-schwarz gebildet. Dieses gestalterische Detail findet man auch an der Außenfassade des Gebäudes an den Durchgängen zu den Innenhöfen sowie den Eingangsbereichen der Sondernutzungen an der Heiligenstädter Straße (vgl. Abbildungen 8 und 9).

Abbildung 6: Eisentor – Blick von außen

Abbildung 7: Durchgang zu einem Innenhof

Abbildung 8: Blick vom Innenhof nach außen

Abbildung 9: Gestaltung der Eingangsbereiche

Eingänge

Diese Symbolik des Gemeinschaftsgefühls vermitteln auch die den Karl-Marx-Hof kennzeichnenden Türen und Tore. Für die BewohnerInnen sind Stiegennummern wichtige Identifikations- und Orientierungsmerkmale. Untereinander sprechen sie von „der Familie auf der Stiege 46" und „Kindern unserer Stiege". Der gesamte Gebäudekomplex verfügt über 98 Eingänge bzw. Stiegenhäuser, die, bis auf ihre Nummerierung, äußerlich kaum voneinander unterschieden werden können und von außen als Stiegenhäuser nicht erkennbar sind. Es gibt dabei vier unterschiedliche Typen von Eingängen.

Die ersten beiden findet man ausschließlich im Mitteltrakt, an der Außen- und Innenseite des Komplexes gegenüber des Bahnhofsvorplatzes. Eine vom Bahnhof aus sichtbare Zugangsform stellen die fünf Zugänge abwechselnd mit den Durchgangsbögen am 12. Februar-Platz dar. Durch sie erreicht man direkt das Gebäude bzw. das Stiegenhaus, ohne vorher große halböffentliche Innenhöfe zu durchqueren. Ein kleiner halböffentlicher Raum wird jedoch durch den Treppenantritt und das Geländer geschaffen (vgl. Abbildungen 10 und 10a). Die Eingänge an der Innenseite bilden sozusagen die innere Erschließungsform des repräsentativen Teils des Bauwerkes (vgl. Abbildung 11). Der für den Karl-Marx-Hof typische Eingang verteilt sich auf die übrigen Eingangsbereiche des Nord- und Südtraktes (vgl. Abbildung 12). Man findet sie meist in zwei- oder drei Gruppen der einzelnen Gebäudeabschnitte, wobei sie sich stets gegenüber stehen. Eine besonders ausgestaltete Form der Hauseingänge sind jedoch die Eckeingänge zu den Stiegenhäusern, die sich, ebenfalls gegenüber liegend, in einer Gebäudeecke befinden (Abbildungen 14).

Allen drei erst genannten gemeinsam ist die materielle Ausstattung. Sie verfügen über betonierte Türrahmen sowie Türen aus Holz und Glas. Der massive Türrahmen passt sich optisch der Fassade an und wirkt wehrhaft und abweisend. Das Holz als ebenso massives Baumaterial erhält durch die eingesetzten Glasfenster Sichtverbindungen ins Innere/Äußere. Die Holztüren sind bereits renoviert, haben dadurch ihren ursprünglichen Charakter aber nicht verloren. Die Türen aller drei Typen sind nach innen versetzt und vermitteln bzw. bieten dadurch gleichermaßen Schutz. Die Unterschiede zwischen den einzelnen Typen liegen zum Einen an der stufenförmigen Erschließung (Stufenantritt), zum Anderen an der Ausformung des Steinrahmens sowie der Stiegennummerierung und der Glasfenster über den Eingängen. Eine völlig von den anderen unterscheidbare Form stellen jedoch die Eckausbildungen dar. Sie sind nicht nach innen, sondern nach außen gebaut und bilden dadurch mit ihrer Glaseinfassung einen Windfang. Neben der Form weisen sie auch in ihrer Farbgebung Besonderheiten auf. Die Eingänge bilden knallrote Stiegenhäuser, die sich bis ins obere Stockwerk erkenntlich zeigen und dadurch im Gegensatz zu den anderen Stiegenhäusern von außen erkennbar sind.

Individuelle Eingangsformen weisen die Gebäude im Inneren der Siedlung auf, die vorwiegend Sondernutzungen dienen (vgl. Abbildung 13). Dieses Beispiel zeigt trotz seiner Individualität Wiedererkennungsmerkmale. Dazu gehören zum Einen der Betonsockel, zum Anderen die braun-schwarzen Mosaiksteinchen, die den Türrahmen schmücken. Diese Form der Auspflasterung findet man auch an der inneren Fassade der Durchgänge bei der inneren Erschließung.

Abbildung 10/10a: Frontseiteneingang mit Treppe als halböffentlichen Raum

Abbildung 11: Repräsentativer Türeingang

Abbildung 12: Für den Karl-Marx-Hof typischer Stiegenhauseingang

Abbildung 13: Eingangsform einer Sondernutzung

Abbildung 14: Eckeingang

3.2.2   Siedlung Görgengasse 26/Weinberggasse 46 aus den 1960er Jahren

Der von der Gemeinde geförderte Siedlungsbau erreichte in der Mitte des 20. Jahrhunderts ihren Höhepunkt. Immer beliebter wurde der Zeilenbau, der sich aus dem Gartenstadttypus entwickelte. Die im folgenden beschriebene Siedlung liegt im 19. Wiener Gemeindebezirk und hat – im Gegensatz zu vielen anderen Siedlungen – keine selbständige Bezeichnung. Um die Benennung deshalb zu vereinfachen, erhält sie in dieser Arbeit den Titel „Weinberg-Görgensiedlung".

Die Siedlung befindet sich in einer vom Wohnbau dominierten Umgebung. Die angrenzende Bebauung umfasst größtenteils Geschosswohnungsbauten des Gemeindebaues und nur wenige private Einfamilienhäuser. An der nördlichen Seite der Siedlung schließen Kleingärten an, die von den angrenzenden BewohnerInnen bewirtschaftet bzw. freizeitmäßig genutzt werden.

Die Weinberg-Görgensiedlung setzt sich zusammen aus insgesamt acht Wohnhäusern, wobei jeweils vier dieselbe Größe aufweisen und zueinander versetzt stehen. Die westlichen vier Gebäude verfügen über jeweils zwei, die vier östlichen über drei Stiegen pro Wohnhaus. Alle acht Gebäude sind dreigeschossig und in neun Wohneinheiten pro Stiege unterteilt. Jedes der Siedlungsgebäude verfügt durch die zeilenförmige Anordnung über einen eigenen Frei- bzw. Grünraum. Auf dem restlichen Parzellengrund befinden sich an der Solingergasse Einfamilienhäuser, die von der Wohnsiedlung durch einen Zaun abgetrennt sind und somit keine direkte Verbindung zu dieser ermöglicht wird.

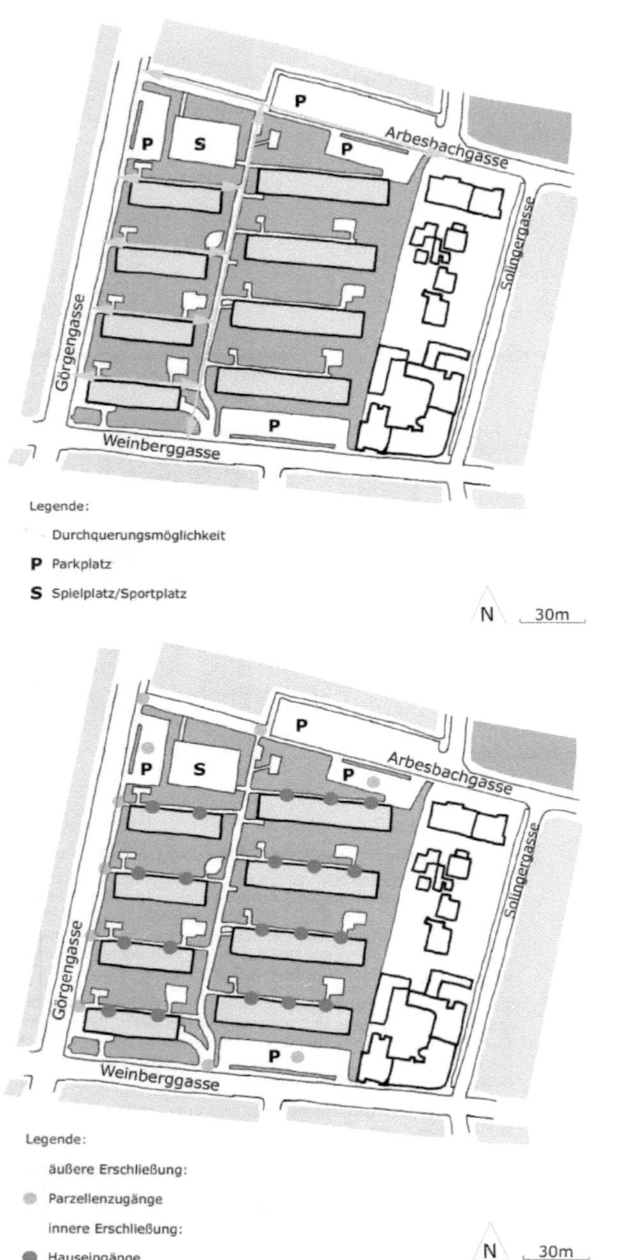

Abbildung 15/15a: Grundriss Weinberg-Görgensiedlung; Durchquerungsmöglichkeiten (oben), Erschließung (unten)

17

Die äußere Erschließung

Das sich die Siedlung in einem vorwiegend vom Wohnbau beherrschten Gebiet befindet, sind auch die angrenzenden Erschließungsstraßen dementsprechend ausgestattet und zoniert. Das äußere Erschließungssystem setzt sich zusammen aus einem rasterartigen Netz, das nur zum Teil aus Einbahnstraßen besteht. An der städtischen Lage der Siedlung bzw. an der Straßendimensionierung erkennt man, dass das Viertel zu einem späteren Zeitpunkt in der Stadterweiterung bebaut wurde. Auch die angrenzenden Gebäude, die zu einem Großteil aus der zweiten Hälfte des 20. Jahrhunderts stammen, lassen diese Schlussfolgerung zu.

Durch die Gebäudereihung wirkt die gesamte Anlage nur teilweise durchlässig. Vom Süden her kommend stellen die einzelnen Gebäude eine optisch nahezu geschlossene Bauweise dar, dessen Wirkung durch die hohe und dichte heckenartige Bepflanzung noch verstärkt wird. Dieselbe Wirkung wird auch an der östlichen Seite erzielt, obwohl die Wohnhäuser senkrecht auf die Straße stehen und offen wirken müssten. Besondere Anknüpfungspunkte nach außen werden durch die an der Ecke Görgengasse/Weinberggasse bestehende gewerbliche Nutzung im unteren Geschoss des Wohnbaues ermöglicht. Hier befinden sich ein Friseur, ein Papierfachhandel sowie Telefonzellen.
Durch die aufgelockerte Bebauung entsteht an dieser Stelle ein kleiner „Vorplatz" mit Grünfläche, der zum Aufenthaltsort werden kann (vgl. Abbildung 16).

Abbildung 16: Kontaktzone nach außen

Abbildung 17: Freifläche

Die Anzahl der Erschließungsmöglichkeiten von außen belaufen sich auf insgesamt sieben. Sie werden durch die einzelnen Erschließungswege an der Görgengasse, der Weinberggasse und der Arbesbachgasse ermöglicht. Die verkehrstechnische Anbindung nach außen erfolgt einerseits durch die genannten Wohnstraßen, andererseits durch einen direkt im Norden anschließenden Parkplatz, der Teil der gegenüber liegenden angrenzenden Wohnsiedlung ist. Eine, nur fuß- und radläufige benutzbare Verbindung, stellt die Zone zwischen diesem Parkplatz und der Görgengasse dar (vgl. Abbildung 17). Sie hat eine Breite von ca. 6m und wird beiderseits durch Poller begrenzt, so dass eine Durchquerung mittels Pkw nicht ermöglicht wird. Direkte Anbindungen an eine Straßenbahn oder eine nahegelegene Busstation gibt es nicht. An der Anzahl der siedlungseigenen Parkplätze erkennt man, dass die Stellung des Individualverkehrs in diesem Gebiet sehr hoch ist.

Die Parkplatzflächen bieten neben der reinen Abstell- und Erschließungsfunktion weitere Aufenthaltsflächen für BewohnerInnen bzw. Spielflächen für Kinder. Diese Möglichkeit wird neben der beruhigten Verkehrslage dadurch ermöglicht, dass alle drei siedlungseigenen Parkplätze ausschließlich den AnrainerInnen vorbehalten sind, da sie von Schranken abgegrenzt werden und dadurch ein überwachendes und sicheres System gegeben ist.

Die gesamte Anlage wirkt durch ihre Reihung der Bebauung und der mit Schranken ausgestatteten Parkplätze in sich geschlossen und auch die BewohnerInnen fühlen sich ungern gestört in ihrem Wohnumfeld. Viele der angrenzenden Nachbarn, wie z.B. BewohnerInnen des nördlich angrenzenden Siedlungsgebäudes, benutzen täglich den Verbindungsweg, der parallel zur Görgengasse verlaufend durch die Siedlung hindurchführt. Er bildet auch den Übergang vom öffentlichen zum halböffentlichen Bereich der Anlage.

Die äußere Erschließung der Wohnanlage kann auf zwei Arten erfolgen. Zum Einen ist es möglich, aufgrund der straßennahen Bebauung entlang der Görgengasse die kleineren Gebäude sowohl straßenseitig, als auch über den Hauptweg zu erschließen. Die drei westlichen Gebäude können jeweils nur über den Hauptweg (von der Arbesbachgasse bzw. der Weinberggasse) erreicht werden. Im hinteren Bereich kann die Erschließung des Gebäudes auch über den Parkplatz erfolgen.

Die innere Erschließung

Das ausgeprägte interne Wegesystem beruht auf einem klaren und streng orthogonalen System. Die Klarheit des Wegesystems ergibt sich aus der Dimensionierung (unterschiedliche Breiten) bzw. aus der Anordnung zu den Gebäuden. Als „Hauptweg" kristallisiert sich ein ca. 3m breiter nahezu parzellenmittig befindlicher Weg heraus, der auch von Nicht-BewohnerInnen als Durchquerungsmöglichkeit genutzt wird. Der Haupterschließungsweg verläuft, bis auf seinen Zugang an der Weinberggasse, gerade. Der Anfang des Weges wird einerseits durch ein Siedlungsgrundriss-, andererseits durch eine Anschlagtafel mit Mitteilungen der Siedlungsverwaltung gekennzeichnet. Der Siedlungszugang mithilfe eines Wegeverschwenkens wird als beruhigend empfunden und stellt eine klare Abtrennung zwischen der Straße und dem halböffentlichen Freiraum her (vgl. Abbildungen 18/18a).

Die rückseitige Einbindung des Weges erfolgt über die halböffentliche Querverbindung und der Parkplätze. An dieser Stelle wird der Weg durch hohe Kiefern markiert und bleibt dadurch einsichtig. Von dieser Seite aus wird der Weg vorwiegend von den angrenzenden Nachbarn als Abkürzung, aber auch als Spazierweg benutzt. Dieser hintere Abschnitt des Weges wird in der Nacht beleuchtet, um den Aufenthalt sicherer zu gestalten. Von hier aus erschließt er neben den Gebäuden auch den Spiel- und Sportplatz. Aufgrund der Topografie bzw. des bestehenden Höhenunterschiedes wurde der Weg mit einer Stiege ausgestattet (vgl. Abbildungen 19/19a).

Ausgehend von diesem zentralen Erschließungsweg zweigen Nebenerschließungswege ab, die sich optisch klar vom Hauptweg unterscheiden. Sie sind schmäler (ca. 1,5m) und führen direkt an der rückseitigen Gebäudefassade entlang. Ein weiteres Unterscheidungsmerkmal stellt die Wegeinfassung dar. Der Hauptweg wird von eckigen breiteren Randsteinen, während der direkte Gebäudeerschließungsweg mit abgerundeten schmalen Randsteinen eingefasst ist (vgl. Abbildungen 20/20a).

Durch die Regelmäßigkeiten des Erschließungssystems (Wegbreiten, Abstände zwischen den Wegen und Gebäuden) erhält die Siedlung eine optische Zusammengehörigkeit. Obwohl auf den ersten Blick kaum Unterschiede der einzelnen Nebenerschließungsachsen zu erkennen sind, gibt es dennoch Orientierungspunkte. Diese spiegeln sich vorwiegend in der Freiraum-, aber auch in der Fassadengestaltung wider. Durch die unterschiedliche Ausformung der Aufenthaltsflächen nahe des Mittelweges, findet man sich auch als Siedlungsfremder schnell zu recht. Ein wichtiges Unterscheidungsmerkmal stellt auch die individuelle Farbgebung der einzelnen Wohnblöcke dar.

Abbildung 18/18a: Haupterschließungsweg: Blick von der Straße aus (li), Blick von der Wohnsiedlung nach außen (re)

Abbildung 19/19a: rückwärtige Einbindung des Weges mit Stiege

Abbildung 20/20a: Haupt- und Nebenerschließungsweg; Ausstattung mit unterschiedlicher Randeinfassung (re)

Eingänge

Je größer und gleichförmiger sich eine Siedlung repräsentiert, desto wichtiger wird die Individualität der einzelnen Gebäude. Sie kann auf mehrere Arten optisch wahrnehmbar umgesetzt werden: eine beliebte Form ist die Farbgebung einzelner Elemente, wie beispielsweise der Eingänge. Dadurch kann man sich mit einem Blick (und ohne sich Nummerierungen zu merken) leichter orientieren.

Dieses Methode findet sich in dieser Wohnsiedlung wieder. Die Eigenständigkeit der einzelnen Wohnhäuser wird mithilfe der Fassaden- bzw. Stiegenhausfärbung rückseitig und der Balkone an der Vorderseite (Richtung Weinberggasse) ausgedrückt. Gleichzeitig verleiht die markante farbliche Gestaltung der gesamten Anlage einen freundlicheren Eindruck und definiert die Stiegenhäuser, sodass sie klar von außen erkennbar werden (vgl. Abbildungen 21).

Abbildung 21: Unterschiedliche Farbgebung der Stiegenhäuser

Die Ausstattung der Eingangstüren ist bei allen 20 Stiegenhäusern dieselbe, jedoch ist die Anordnung der Tür bzw. der Glasfront und des gesamten Stiegenhauses abhängig davon, auf welcher Seite des Hauptweges sich das Wohnhaus befindet. Der Hauptweg bildet daher die Spiegelachse für den Eingangsbereich. Die westlichen Trakte verfügen über rechts-gewendelte, die an der östlichen Seite über links-gewendelte Stiegen.

Die wenige Zentimeter nach innen versetzten Eingänge bilden Holztüren mit Glaseinsätzen sowie eine Glasfront mit mattem Glas. Den Eingangsbereich bildet ein Antritt (ca. 3cm hoch), der aus glattem Steinboden besteht. Das gesamte Stiegenhaus ist mit diesem Oberflächenmaterial ausgestattet. Die Beleuchtung beschränkt sich auf, für Wiener Gemeindebauten typische, Laternen, die gleichzeitig die Hausnummer zeigen. Obwohl der Eingangsbereich nach innen versetzt ist und nicht direkt mit der Fassade eine Linie bildet, gibt es keine Vordächer o.ä. für den Schutz gegen schlechte Witterungsverhältnisse. Bei der Renovierung in den letzten Jahren wurde die Eingangstür der Stiege Nummer 20 ausgetauscht. Das Gebäude verfügt nun über eine gläserne Aluminiumtür. Ebenso wurden alle Stiegenhausfenstern erneuert. Die für die damalige Zeit typischen großen Fenster bieten – obwohl sie sich an der Nordseite der Gebäude befinden – genügend Licht und lassen, genauso wie die Holz-Glastür, zumindest Blickkontakte nach außen zu. Diese Form der transparenten Gestaltung der Fassade wirkt auf den/die BesucherIn kontaktfreudig und offen.

3.2.3 Gartensiedlung Ottakring aus den Jahren 1999/2000

Diese Neubausiedlung befindet sich im 16. Wiener Gemeindebezirk, in der Nähe der Ottakringer Brauerei AG. Zu dieser steht die Siedlung eng in Verbindung, da sie auf den ehemaligen Gründen der Brauerei errichtet wurde und die Freiraumgestaltung noch heute an den direkten Bezug erinnert. Schon an der Fassade erkennt man die zeitgenössische Architektur, da viel mit Glas (Transparenz) gearbeitet wurde.

Aufgeteilt wurde die Siedlung in eine fünfgeschossige Randbebauung, die den Innenhof und die vier dreigeschossigen Trakte umschließt. Ein besonderes Merkmal bilden die einzelnen privaten Freiräume, wie Kleingärten, Dachterrassen, Loggien und Balkone. Durch diese Vielzahl an individuellen Entfaltungsmöglichkeiten erhielt die Siedlung auch die Bezeichnung „Gartensiedlung". Der Bauträger Aphrodite AG beabsichtigte - in Zusammenarbeit mit der Brauerei selbst - mit der Planung die Herstellung eines angenehmen und ruhigen Wohnungsumfeldes inmitten einer dicht bebauten Stadtlandschaft. Von ihm werden auch regelmäßig Siedlungsfeste veranstaltet, um den BewohnerInnen die Möglichkeit zu bieten, sich untereinander näher kennen zu lernen und ihnen das Gefühl der Gemeinschaft zu vermitteln.

Die äußere Erschließung

Da sich die Siedlung in einer Wohnlage befindet, wird sie vorwiegend vom AnrainInnenverkehr erschlossen. Die umgebenden Wohnstraßen sind zum Teil Einbahnstraßen, die über keine öffentliche Anbindung verfügen. Die Anlage der Tiefgarageneinfahrt lässt erkennen, dass der siedlungseigene Erschließungsverkehr über die Baldiaggasse vom Süden her abgewickelt wird (Einbahnsystem).

Die äußere Erscheinung der Siedlung weist, je nachdem, aus welcher Richtung sie betrachtet wird, unterschiedliche Bilder auf. Durch die Platzierung der Siedlungsgebäude und ihrer Unterführungen erhält die Siedlung einen zum Teil offenen und durchlässigen Charakter, aber auch ein in sich geschlossenes Äußeres. Aus westlicher Richtung verfügt die Wohnanlage über eine offene, während der nördliche Teil durch eine geschlossene Bauweise gekennzeichnet ist. Durch diese bewusste Raumbildung der Gebäude bleibt die Verbindung der beiden Teile der Arnethgasse bestehen und wurde zum Fußweg quer durch die Siedlung. Die Seite, die der Baldiaggasse zugewandt ist, bildet eine auf den ersten Blick lockere Bebauung, da dieser Durchgang zur Siedlung weit und offen ist. Die Bebauung schließt nicht mit der Gehsteigkante ab, sondern ist um etwa 12m zurückversetzt (vgl. Abbildung 23). Die dadurch entstandenen Freiflächen wurden mit dreieckigen und abgerundeten Hochbeeten gestaltet. Diese kantige Freiraumgestaltung wirkt gemeinsam mit der verschachtelten Bauweise abwechslungsreich und aufgelockert. Durch diese Formen wird der Platz zur Übergangszone zwischen öffentlich und halböffentlich. Die Hochbeete bieten zusätzlich geringen Sichtschutz und ihre Formen erzeugen Distanzflächen.

Obwohl der Durchgang in den Innenhof durch die versetzte Bebauung offen wirkt, signalisieren die beiden herausragenden gläsernen Baublöcke Gefahr bzw. unerwünschtes Eindringen (vgl. Abbildung 24). An der nördlichen Seite (Haslingerstraße) gleicht sich die geschlossene Bauweise dem bestehenden Bau an der Gansterergasse an und bilden mit ihm eine gemeinsame Front. Die äußere Erschließung auf dieser Seite ist gegeben durch zwei Unterführungen, die einerseits in den Innenhof, andererseits ins Stiegenhaus führen. Die selbe Möglichkeit des Zugangs zum Innenhof bzw. des Stiegenhauses wiederholt sich durch die Bebauung an der Gansterergasse.

Soziale Kontakte werden an der Ecke Baldiaggasse und Haslingerstraße ermöglicht. Hier entsteht durch das Zurückversetzen der Bebauung eine Freifläche, die als Kontaktzone genutzt wird.

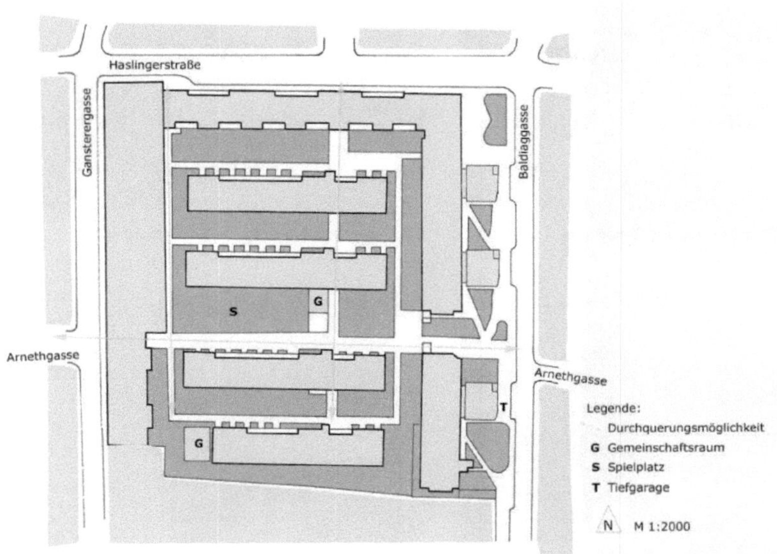

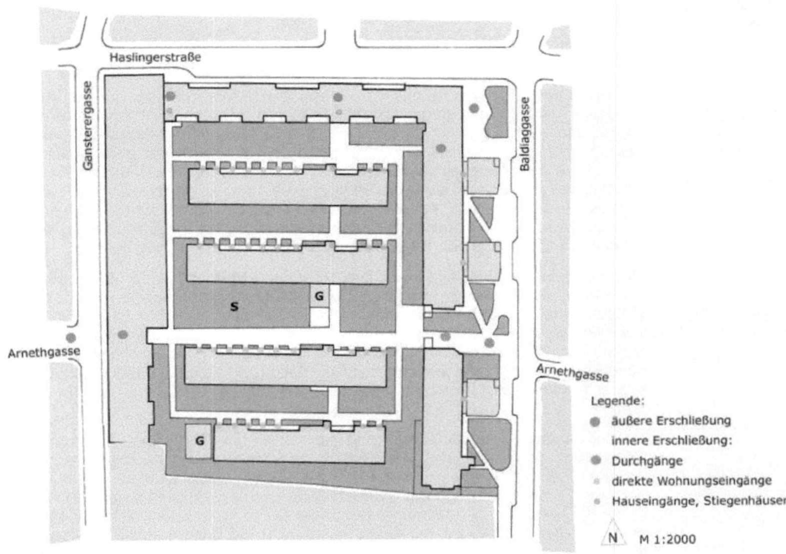

Abbildung 22: Grundriss Gartensiedlung Ottakring; Durchquerungsmöglichkeiten (oben), Erschließung (unten)

Abbildung 23: Verbreiterung des Gehsteiges

Abbildung 24: Offene Bauweise mit Durchgang

Abbildung 25/25a: Durchgänge

Die innere Erschließung

Für die innere Erschließung gibt es insgesamt acht Möglichkeiten. An der West- und Nordseite gelangt man durch Unterführungen in den Innenhof bzw. direkt in das Stiegenhaus. Die Eingänge an dieser Seite werden durch Bepflanzung markiert. Der Baum direkt vor dem Gebäudezugang bildet den Abschluss der gegenüberliegenden Gasse bzw. den Übergang zur Unterführung (vgl. Abbildung 25). Durch die Zugänge an der Ostseite erreicht man direkt die Stiegenhäuser bzw. durch den zwischen den beiden Osttrakten den Innenhof. An dieser Stelle befinden sich die Stiegenhäuser in den Schnittachsen der Bebauung. Eine rein verkehrstechnische Erschließung stellt die Einfahrt zur Tiefgarage dar, die sich ebenfalls an der östlichen Seite befindet.

Das Wegenetz wird gebildet von der fußläufigen Verbindung der Arnethgasse, der Anordnung der Trakte im Innenhof bzw. durch die gleichmäßige Anordnung ihrer Stiegenhäuser. Da diese eine gemeinsame Linie bilden, entstehen dadurch besondere Blickverbindungen, die an tunnelartige Unterführungen erinnern (vgl. Abbildung 27 rechts). Der kürzeren Erreichbarkeit dienen vor allem die Längserschließungswege (in Nord-Süd-Richtung verlaufend) entlang der rückseitigen Gebäudefassade des Wohnblockes an der Gansterergasse bzw. entlang der Kleingärten an der östlichen Seite.

Der asphaltierte Haupterschließungsweg stellt die fußläufige Verbindung und Erweiterung der Arnethgasse dar. Durch sie werden vorwiegend die mittleren Trakte erreicht. Auch für die angrenzenden Nachbarn stellt sie eine wichtige Verbindung bzw. Abkürzung dar. Entlang des Hauptweges stehen Spielmöglichkeiten und ein Gemeinschaftsraum zu Verfügung. Durch die Breite von ca. 6m bietet er gleichzeitig einen erweiterten Freiraum und Aufenthaltsraum für die BewohnerInnen. Beispielsweise werden Gemeinschaftsraum und Freiraum vor allem für Sommerfeste o.ä. genutzt (vgl. Abbildungen 26 und 27).

Das Nebenerschließungsnetz ergibt sich aus den Wohnwegen, die zwischen den Trakten entlang führen und diese miteinander verbinden. Diese Wege sind schmäler (ca. 3m breit) und geschottert bzw. teilweise asphaltiert. Sowohl der Hauptweg, als auch die Nebenerschließungswege sind mit Laternen und Bepflanzung ausgestattet und werden von Grünflächen begleitet.
Das Wesen der Gartensiedlung zeigt sich bei der Erschließung auf den Nebenwegen besonders stark. Die Wege werden durchgehend von Beeten, Gärten, Hecken- und Baumpflanzungen begleitet, die gleichzeitig wichtige Orientierungspunkte darstellen. Durch die Wahl der unterschiedlichen Bepflanzungstypen wird die Anlage überschaubar und jede Wohneinheit erhält ihre eigenen Charakter. Sowohl das Wegesystem, als auch die Bepflanzung sind aufeinander abgestimmt, so dass ein Eindruck der Zusammengehörigkeit geschaffen wird.

Abbildung 26: Hauptweg (Blick nach Westen)

Abbildung 27: Gemeinschaftsraum; Blickverbindung durch die Traktdurchgänge (re)

Abbildung 28: östlicher Nebenerschließungsweg (Blick nach Norden)

Abbildung 29: westlicher Nebenerschließungsweg (Blick nach Norden)

Auch die Benutzungsart der Wege ist frei wählbar. Es gibt keine Verbotsschilder, die vorschreiben, wie man sich in der Siedlung fortbewegen darf. Eine klare Einschränkung ergibt sich aus der Anordnung und der Ausstattung der Wege. Beispielsweise ist das Radfahren auf den schmalen Wegen nur beschränkt und das Rollerskaten auf der geschotterten Fläche nicht möglich.

Die transparente Architektur ermöglicht neben der energiesparenden Bauweise auch die Verbindung mit der Außenwelt. Die äußere Fassade der Randbauten erlaubt Einblicke in die Trakterschließung bzw. die Gestaltung der Eingänge. Die Treppenhäuser an den Durchgängen beherbergen gleichzeitig die Radabstellplätze und sind ebenso einsichtig. Durch diese Transparenz erfahren die Treppenhäuser mehr Aufmerksamkeit und wirken markanter (vgl. Abbildungen 30 und 31). Genauso verhält es sich mit den Feuerstiegen, die jedoch über keinen gläsernen Schutz verfügen.

Eingänge

Wie schon im vorangegangenen Beispiel spielt auch die Gestaltung der Ottakringer Gartensiedlung mit Farben als Orientierungspunkte. Durch die Farben und die transparente Glasarchitektur wirkt die gesamte Anlage freundlich und nach außen kommunikativ. Diese Wirkung wird vor allem durch die standortgerechte Bepflanzung und Freiraumgestaltung noch verstärkt.

Das repräsentative Auftreten der neuzeitlichen Architektur wird ebenso durch die architektonischen Einzelheiten widergespiegelt. Die Eingangstüren, die nicht nach innen versetzt sind und mit der Hausfassade eine Einheit bilden, treten mit knalligen Farben in den Vordergrund. Auch die Proportionen passen sich gegenseitig an. Im Vergleich zur relativ ausladenden Stiegenhaus-Eingangstür bleiben die eigentlichen Zugangstüren zu den Wohnungen in ihrer Größe passiv. Der Zugang zu den Wohnungen geschieht auf unterschiedliche Weise. Einerseits durch die Stiegenhäuser (an der nördlichen und östlichen Seite) und andererseits direkt über den Haupterschließungsweg über ebenes Gelände. Ihre Farbgebung ist gekennzeichnet durch sich wiederholende grelle Farbtöne gelb, orange und rot (vgl. Abbildungen 32-34b).

Abbildung 30: Eingangstür des Stiegenhauses

Abbildung 31: Trakt der Randbebauung

Abbildung 32: Wohnungseingänge am Hauptweg

Abbildung 33: Wohnungseingänge der Randbebauung

Abbildung 34/34a/34b: Individuell gestaltete Wohnungseingänge

Dadurch, dass viele unterschiedliche Zugangssituationen geschaffen werden, erhält die Gestaltung der Siedlung eine gewisse Eigendynamik. Immer wiederkehrende Elemente sind beispielsweise die Art der Beleuchtung (Laternen an der Wand, Stehlampen), Vordächer oder Hochbeete. Trotz der teilweise ähnlichen Ausformungen und genormten Elemente aller 310 Wohnungen behaltet die Siedlung durch die individuelle Gestaltung durch die BewohnerInnen (Gärten, Bepflanzung) ihre Eigenständigkeit. Daran erkennt man, dass die BewohnerInnen sich wohl fühlen müssen, da sie ihrer Eingangstür als repräsentatives Element des Gebäudes teilweise besondere Aufmerksamkeit schenken. Ein Auslöser für diese Identifikationsmerkmale ist die verschachtelte architektonische und freiraumplanerische Umsetzung. Wie schon bei der äußeren Erschließung erwähnt, gelingt es den PlanerInnen durch die Anordnung der Hochbeete einen wahrnehmbaren Übergang zwischen öffentlichen und halböffentlichen Raum zu schaffen. Eine weitere Schwellensituation schaffen die Trakte, die der Erschließung der Randbebauungs-Wohnungen dienen. Durch ihre Transparenz erlangen sie einen halböffentlichen Charakter; die direkten Eingänge am Hauptweg ihren halböffentlichen Raum durch den Hauptweg selbst. Den Übergang zwischen diesem und der privaten Wohnung bilden zusätzlich eigene kleine Hochbeete direkt vor dem Wohnungseingang.

4. Ergebnisse und Diskussion

Die einzelnen Analysen der Geschosswohnungsbauten bzw. Siedlungen zeigen in gewissen Punkten deutliche Unterschiede, manche Aspekte weisen Gemeinsamkeiten auf. Obwohl sich die Funktion der Eingänge in ihrer Geschichte nicht verändert hat, werden sie in der Baugeschichte immer wieder neu interpretiert und architektonisch umgesetzt. Teilweise spiegelt sich in der Gestaltung die Geschichte, teilweise auch der praktische Zugang wider.

Die Architektur des geschichtsträchtigen Blockbaues Karl-Marx-Hof war für die Entstehung von Großsiedlungen der Zwischenkriegszeit maßgebend. Bis in die heutige Zeit wirken diese kommunalen Bauten, die in ihrer Bau- und Erschließungsweise neu inszeniert werden. In ihrer Architektur haben sie bis in die heutige Zeit ihre Vorbildwirkung nicht verloren. Grundlegende Elemente, wie z.B. das Stiegenhaus, verändern oder entwickeln sich kaum (weiter). Die grundrissbildende Bebauung sowie die Erschließungsachsen und -systeme entwickelten sich parallel und nehmen immer wieder neue Formen an.

Das Erschließungssystem der 1920er Jahre ist mit seiner Ausformung und Bildung eines symmetrischen Innenhofes klar an die Architektur der Jahrhundertwende bzw. auf die repräsentativen Bauten angelehnt. Die Innenhöfe erinnern an barocke Schlossgärten und die breiten Wege an großzügige breite Straßen. Auch das Element Tür symbolisiert das Prunk- und Wehrhafte und stellt den repräsentativen Teil der gesamten Anlage dar. Die Eisentüren der äußeren Erschließung waren Einzelanfertigungen, ebenso wie die Eingänge der Treppenhäuser der einzelnen Stiegen. Diese Individualität der Architektur ging mit der Industrialisierung der Nachkriegsjahre verloren.

Die Gemeindebauten in der Mitte des 20. Jahrhunderts waren gekennzeichnet durch Monotonisierung. Sie war begründet durch die Massenanfertigung der einzelnen Bauteile (Türen, Fassadenplatten) sowie die finanzielle Einschränkung und Sparmaßnahmen, um den Bau von zahlreichen Siedlungen zu ermöglichen. Die Verbindung des niveauvolleren und hochwertigen Wohnens und gleichzeitig billigen Bauens veranlasste die Gemeinde, einfache Geschosswohnungsbauten zu realisieren. Genauso einfach fällt auch die Erschließung aus. Die Zugänge zu den Gebäuden sind offen und nicht überbaut oder überdacht, das Wegesystem ist orthogonal und minimal gehalten. Die Zugänge sind auf das Wesentlichste beschränkt und weisen kaum gestalterische Besonderheiten auf. Selbst die Grün- und Freiflächen verhalten sich bei der Weinberg-Görgensiedlung passiv. Die gesamte Siedlung ist weder repräsentativ, noch verfügt sie über typische Kennzeichen oder Unterscheidungsmerkmale zu anderen Gemeindebauten aus dieser Zeit. Auffällig bei derartigen Siedlungen aus dieser Bauzeit ist die Vorschrift der Stadt Wien, die Stiegenhäuser nach Norden anzulegen, damit die Ausrichtung der Wohnungen nach Süden und somit zur Sonne gegeben ist. Ein weiteres Merkmal ist das Fehlen von Aufzügen, die den Bauträgern durch die niedrige Bauweise (meist nur drei Geschosse) erspart blieben. Beim Karl-Marx-Hof hingegen mussten nachträglich Aufzüge eingebaut werden.

Das Element Stiegenhaus ist eine typische Entwicklung im Siedlungsbau. An der Analyse der drei Geschosswohnungsbauten erkennt man, dass sie mit der Zeit gestalterisch markanter wurden. Die Stiegenhäuser im Karl-Marx-Hof sind von außen als solche nicht erkennbar, während die der Weinberg-Görgensiedlung durch die Farbgebung stärker heraustreten. Besonders in den Vordergrund treten die Stiegenhäuser in der Gartensiedlung. Das Element der Treppe entwickelte sich vom unscheinbaren Gebäudeelement zu einem auffälligen Gestaltungselement. Durch das bewusste Arbeiten mit Stiegenhäusern gelang den PlanerInnen eine klare Differenzierung der Räume. Durch die Weiterentwicklung der Ausformung von speziell genutzten Räumen, konnten neue Möglichkeiten entwickelt werden, den privaten von öffentlichen Bereich interessanter und abwechslungsreicher zu gestalten.

Durch diese Individualisierung mithilfe gestalterischer Möglichkeiten entwickelte sich auch die Identifikation des einzelnen Bewohners mit seinem Umfeld weiter. Der Gemeinschaftsgedanke, wie der des Karl-Marx-Hofes, erreichte einerseits durch die harmonische Architektur, andererseits durch die sozio-kulturellen Umstände besondere Auswirkungen. Im Laufe der Zeit entwickelten SiedlungsbewohnerInnen das Bedürfnis, sich untereinander unterscheiden zu wollen. Die Architektur war daran nicht ganz unbeteiligt. Vor allem die Zeilenbauweise, wie man sie bei der Weinberg-Görgengasse vorfindet, führte dazu, dass sich Nachbarn untereinander entfremdeten. Aber nicht nur durch diese offenen Bauweise verlor sich der Gemeinschaftsgedanken mehr und mehr, sondern auch durch das Wegfallen der kommunalen Einrichtungen. Im Vergleich zum Karl-Marx-Hof, der in und mit seinen Innenhöfen wichtige Treffpunkte schafft, verfügt die Weinberg-Görgengasse über keine vergleichbaren Einrichtungen. Auch die Zeilenbauweise lässt keine gemütlichen Aufenthaltsorte zu. Diesem Trend der Entfremdung wirkte man erfolgreich dagegen, wie das Beispiel der Gartensiedlung Ottakring zeigt. Auch diese Siedlung verfügt über Gemeinschaftsräume, die vorwiegend für Kinder geschaffen wurden, bzw. über Aufenthaltsflächen, auf denen regelmäßig Siedlungsfeste stattfinden.

In dieser neuzeitlichen Siedlung stand während der Planung sowohl das Gemeinschaftliche, als auch das Individuelle im Vordergrund. Der Siedlungskomplex wird allgemein durch die Gestaltung als Einheit gesehen, während die einzelnen Eingänge von den BewohnerInnen eigene Identifikationsmuster erhalten. In dieser Anlage wird auch verstärkt mit dem Spiel der einzelnen Räume gearbeitet. Im Vergleich zum Karl-Marx-Hof und der Weinberg-Görgensiedlung bietet die Gartensiedlung durch ihre verschachtelte Bauweise mehr Rückzugsmöglichkeiten. Das Angebot an halböffentlichen bzw. Mischformen zwischen Privatem und Halböffentlichem verleiht dieser Wohnhausanlage differenziertere Aufenthaltsflächen. Auch die Hauseingänge erhalten durch Hochbeete ihren eigenen halböffentlichen Raum. Diese räumliche Ausprägung ist zwar bei den anderen beiden Projekten auch gegeben, weist aber andere Dimensionen auf. Der Karl-Marx-Hof schafft mit seinen großen Innenhöfen, die Weinberg-Görgensiedlung mit ihren Freiflächen zwischen den Zeilenbauten große halböffentliche Räume. Eine individuelle Gestaltung und Pflege erhalten sie durch ihre BewohnerInnen aber nicht, da der Identitätsradius für die halböffentliche Raumwahrnehmung zu groß ist.

Die bewusste wie unbewusste Raumwahrnehmung spielt auch bei den Wegesystemen eine entscheidende Rolle. Je komplexer die Wohnsiedlung in ihrer Bauweise wird, desto schwieriger wird es, sich zu orientieren. Das Wegesystem des Karl-Marx-Hofes verfolgt immer dasselbe Ziel. Dabei erreicht man ausgehend von der äußeren Erschließung durch Tore über den Erschließungsweg entlang des Gebäudes (innen wie außen) das Stiegenhaus. Das Wegesystem der Innenhöfe der einzelnen Blockabschnitte ist nach dem einfachen Kreuzungsprinzip ausgerichtet und es gibt keinen allgemeinen Haupterschließungsweg.
Im Gegensatz dazu wird durch die Zeilenbebauung und der Kombination der Rand- mit der Zeilenbauweise ein differenzierteres Erschließungssystem notwendig. Um das Erschließungssystem trotzdem überschaubar zu halten, kristallisieren sich dadurch Haupterschließungs- und Nebenerschließungsnetze heraus, die in beiden Siedlungen ähnlich gestaltet wurden. Der Hauptweg ist gegenüber den direkten Wohnwegen breiter und asphaltiert und verfügt in beiden Fällen über eine Beleuchtung. Die Nebenerschließungswege dienen ausschließlich dem Zugang zu den Wohnungen (Gartensiedlung) bzw. zum Stiegenhaus (Weinberg-Görgensiedlung). Aufgrund der Vielzahl an Zeilenbauten und der daraus resultierenden Notwendigkeit an Nebenerschließungswegen ist eine klare Unterscheidung zwischen den Wegen bzw. Eingängen wichtig. Die Lösung hierfür bietet die individuelle Farbgebung der Eingänge bzw. Stiegenhäuser. Sowohl die Siedlung aus den 1960er Jahren, wie auch die aus dem Jahr 2000 benutzen die farbliche Kennzeichnung der Eingänge.

Die Komplexität der Erschließungssysteme spiegelt sich auch in der Art und Weise wider, wie die Haus- und Wohnungseingänge erschlossen werden. Im Falle des Karl-Marx-Hofes erreicht man die Stiegenhäuser meistens erst, wenn man durch den Gebäudekomplex durch in den Innenhof der Siedlung geht und somit den Hauseingang erreicht. Die fünf Hauseingänge im Bereich des 12.-Februar-Platzes als direkte Zugänge zum Stiegenhaus bilden dabei die Ausnahmen. Bei der Weinberg-Görgensiedlung wiederum, gelangt man ohne Durchquerung des Gebäudes und aufgrund der Anordnung der Zeilenbauten trotzdem nicht direkt von der Straße zu den Stiegenhäusern. Man muss dabei entweder entlang des Hauptweges und/oder der Gebäudefassade gehen, um den Hauseingang zu erreichen. Das zeitgenössische

Beispiel zeigt hinsichtlich der Wohnungserschließung komplexere Möglichkeiten auf. Einerseits erfolgt sie über direkt über den Hauptweg, andererseits über Stiegenhäuser und dabei wiederum über lange Trakte. In den beiden ersten Fällen verfügten die Stiegenhäuser über direkte Wohnungszugänge ohne Erschließungstrakt.

Zur Wahrnehmung und Identifizierung eines Wohnraumes und seinen Zu- und Eingängen ist demnach nicht nur die Architektur ausschlaggebend, sonder es spielen auch meist unbewusst die Wegegestaltung und –führung bzw. die unterschiedlichen Möglichkeiten der Erschließung eine Rolle. Die Vergleiche zwischen den Geschosswohnungsbauten haben gezeigt, dass Zu- und Eingangssituationen durch diese unterschiedlichen Ausbildungen verschiedene Eindrücke erzeugen können. Aus den Analysen ist auch hervorgegangen, dass die Architektur in Kombination mit der Freiraumplanung in der Geschichte unterschiedliche „Wege" eingeschlagen hat. Sowohl die Erschließungsformen, als auch die Wegesysteme sind in jeder Bauepoche einem formalen Wandel unterlaufen und weisen verschiedene Kennzeichen auf.

5. Schlussfolgerungen

Das Aufzeigen von Entwicklungen und Unterschieden in den einzelnen Bauzeiten ist grundlegendes Thema der Architekturgeschichte. Für den Arbeitsbereich der LandschaftsarchitektInnen stellen Zu- und Eingänge wichtige Gestaltungsbereiche dar, die das Erleben eines Raumes und seine individuelle Wahrnehmung beeinflussen können. Die bewusste Auseinandersetzung mit diesen gestalterischen Elementen, die nicht nur in Verbindung mit einem Gebäude zu sehen sind, soll die gegenseitige Wechselwirkung Mensch/Raum verdeutlichen und erlebbar machen.

Durch die Analyse und Gegenüberstellung verschiedener Beispiele können auch diese Entwicklungen dargelegt werden. Die Frage, ob sich Zu- und Eingänge verändert haben, kann dahingehend beantwortet werden, dass sich im Laufe der Zeit unterschiedliche Formen von Eingangssituationen herauskristallisiert haben. Diese Formen wurden immer wieder abgeändert, sind in ihrer ursprünglichen Gestalt aber erhalten geblieben. Vor allem im Bereich des Siedlungsbaues hat sich ein klares Wege- und Erschließungssystem zur besseren Überschaubarkeit bewährt. Daraus entwickelte sich wiederum das einfache, aber logische Prinzip des Stiegenhauses.

Durch die klare Gestaltungsformen besteht jedoch die Gefahr, dass aufgrund der meist gleichförmigen Siedlungsarchitektur nicht das Gefühl der Monotonie aufkommt. Für die Identifikation der BewohnerInnen mit ihrer Siedlung und schließlich mit sich selbst, ist sowohl ein gewisses Maß an Gemeinschaftsgefühl, aber auch Individualität erwünscht. Dies erfolgt - nicht zuletzt - durch die Gestaltung der Eingänge.

- AMANN, Wolfgang: Städte- und Siedlungsbau in Wien 1945-1958, Peter Lang Verlag, Frankfurt am Main, 1999

- BOLLNOW, Otto F.: Mensch und Raum, Kohlhammer, Stuttgart, 1976[3]

- BREITFUSS, Günther; KLAUSBERGER, Werner Mag.: Das Wohnumfeld. Qualitätskriterien für Siedlungsfreiräume, Verlag des Instituts für Freiraumplanung, Linz, 1999

- BROOKES, John; PRICE, Eluned: Stil und Harmonie in Haus und Garten (Orig. Home and Garden Style, übertr. aus dem Engl. von MENZEL, Marianne), Busse Seewald, Herford, 1998

- DREXEL, Thomas: Hauseingänge. Die Visitenkarte des Hauses, Eberhard Blotter Verlag, Taunusstein, 2006

- DREXEL, Thomas: Neue Eingänge. Planung und Gestaltung, Georg D.W. Callwey Verlag, München, 2000

- HALL, Edward T.: Die Sprache des Raumes, Schwann, Düsseldorf, 1976

- JAMMER, Max.: Das Problem des Raumes, Wissenschaftl. Buchgesellschaft, Darmstadt, 1960

- KRÄMER, Bernd: Der Raumbegriff in der Architektur – eine Analyse räumlicher Begrifflichkeit und deren Veranschaulichung am Beispiel des Weges und der Schwelle, Institut für Architektur- und Planungstheorie Universität Hannover, Reihe TAP-Texte, Diss., Fachbereich Architektur, Hannover, 1983

- LACINA, Brigitte: Freiflächen im Wohnbau. Dokumentation der Freiflächen bei Wohnbauprojekten in Wien 1993-1997, Beiträge zur Stadtforschung; Stadtentwicklung und Stadtgestaltung, Band 62, MA 18 Stadtplanung Wien, Wien, 1998

- MEYER-BOHE, Walter: Türen und Tore. Elemente des Bauens, Verlagsanstalt Alexander Koch GmbH, Stuttgart, 1977

- REPPÉ, Susanne: Der Karl-Marx-Hof. Geschichte eines Gemeindebaus und seiner Bewohner, Picus, Wien, 1993

- RULAND, Gisa: Freiraumqualität im Geschosswohnungsbau. Diskussion über die Qualität der Freiraumplanung im mehrgeschossigen Wohnbau der 90er Jahre am Beispiel von Wien, Stadtentwicklung, Band 55, MA 18 Stadtentwicklung Wien, Wien, 2003

Internetquellen

- LEE, Kyung Jik: Der Begriff des Raumes im „Timaios" im Zusammenhang mit der Naturphilosophie und der Metaphysik Platons, Diss., Philosophische Fakultät der Universität Konstanz, 1999

  Bzw. als Buchhandelsausgabe: Platons Raumbegriff. Studien zur Metaphysik und Naturphilosophie im „Timaios" Epistemata, Verlag Königshausen & Neumann, Würzburg, 2000

  http://w3.ub.uni-konstanz.de/v13/volltexte/1999/359//pdf/359_1.pdf

  eingesehen am 8.1.2007

- SAEVERIN, Peter F.: Zum Begriff der Schwelle. Philosophische Untersuchungen von Übergängen, Bibliotheks- und Informationssystem der Carl von Ossietzky Universität Oldenburg, Oldenburg, 2003

  http://docserver.bis.uni-oldenburg.de/publikationen/bisverlag/2003/saezum02/pdf/saezum02.pdf

  eingesehen am 28.12.2006

Alle verwendeten Abbildungen stellen Zu- und Eingänge der jeweiligen Siedlungen dar und wurden von der Verfasserin selbst fotografiert.

Planquelle:

Alle Grundrisspläne basieren auf Grundlage der Internetseite www.wien.gv.at (Link Stadtplan). Die Analysepunkte Durchquerungsmöglichkeiten, die äußere und innere Erschließung sowie die Markierungen der Hauseingänge gehen auf eigene Erhebungen zurück.

Aufnahmeliste für die einzelnen Geschosswohnungsbauten:

Anbindung nach außen	Anmerkungen	Nein	Ja
Allgemein nutzbare Außenflächen zur Kommunikation			
In sich geschlossen, abgeschirmt			
Abgeschirmter Durchgang			
Offener Weg			
Markante Punkte (z.B. Bäume)			
Anzahl der Erschließungsmöglichkeiten			
Parkplätze/Tiefgarage			
Innere Erschließung			
Anzahl der Erschließungsmöglichkeiten			
Haupterschließungs-, Nebenerschließungsweg			
Orientierungspunkte, Leitelemente			
Ein oder mehrere Erschließungsmöglichkeiten – zur Vermittlung von Zusammengehörigkeit oder Abgeschirmtheit, aufeinander abgestimmt			
Klar zentrierter Weg			
Orthogonal, geometrisch			
Beliebig, rund			
Markante Treppenhäuser, Laube, Atrium			
Oberflächengestaltung			
Eingänge			
Lage, Proportion			
Einheit mit Fassade: versetzt, Harmonie			
Farben, Material			
Transparenz, Durchblick			

Vordächer, Vorbauten, Stufen			
Beleuchtung			
Widerholende Elemente, Widererkennung, Zusammengehörigkeit			
Unterschiedliche Eingangsformen